人性

[美] **戴尔·卡耐基** /著

达夫 /编译

中国华侨出版社
·北京·

图书在版编目（CIP）数据

人性/（美）戴尔·卡耐基著；达夫编译 .—北京：
中国华侨出版社，2017.10（2024.6重印）
ISBN 978-7-5113-7021-1

Ⅰ.①人… Ⅱ.①戴…②达… Ⅲ.①成功心理—通俗读物 Ⅳ.① B848.4-49

中国版本图书馆 CIP 数据核字（2017）第 201407 号

人性

著　　者：[美]戴尔·卡耐基
编　　译：达　夫
责任编辑：刘晓燕
封面设计：冬　凡
美术编辑：张　诚
经　　销：新华书店
开　　本：880mm×1230mm　1/32 开　印张：8　字数：152 千字
印　　刷：三河市华成印务有限公司
版　　次：2017 年 10 月第 1 版
印　　次：2024 年 6 月第 3 次印刷
书　　号：ISBN 978-7-5113-7021-1
定　　价：36.00 元

中国华侨出版社　北京市朝阳区西坝河东里 77 号楼底商 5 号　邮编：100028
发行部：（010）88893001　　传　真：（010）62707370

如果发现印装质量问题，影响阅读，请与印刷厂联系调换。

前言 PREFACE

戴尔·卡耐基，被誉为20世纪伟大的心灵导师和成功学大师，美国现代成人教育之父。20世纪早期，卡耐基独辟蹊径地开创了一套集演讲、推销、为人处世、智能开发于一体的教育方式，他运用社会学和心理学知识，对人性进行了深刻的探讨和分析，激励了无数陷入迷茫和困境的人，帮助他们重新找到了自我，改变了千百万人的命运。

卡耐基创办的美国卡耐基成人教育机构、国际卡耐基成人教育机构和它遍布世界的分支机构，多达1700余个。接受这种教育的，不仅有普通民众，还有明星、巨商、军政要人等，甚至还有几位总统，人数多达几千万，影响了20世纪的几代人，而且还将继续影响着世界各国人民。

卡耐基并没有发现宇宙的所有深奥的秘密，但他源于常理的教育理念和教育实践，却施惠于千百万人。在帮助人们学习如何处世上，在帮助人们获得自尊、自重、勇敢和自信上，在帮助人们克服人性的弱点、发挥人性的优点、开发人类的潜能，从而获得事业成功和人生快乐上，卡耐基应该比同时代的其他所有哲人做得都多。

《人性》是卡耐基通过对社会的透视，对人性进行的一次全面深刻的总结，帮助人们了解人性，指导人们如何去利用人性，克服人性的弱点，发扬人性的优点，抓住成功的关键点。《人性》出版后，在世界各地至少已译成58种文字，全球总销售量已达9000余万册，拥有4亿读者，除《圣经》之外，无出其右者，稳居成功励志类图书榜首，被誉为"获得成功的必读书""世界励志圣经"。此书之所以畅销不衰，就在于卡耐基先生对人性的深刻认识，以及他为根除人性的弱点所开出的有效处方。这本充满智慧和力量的书能让你了解自己，相信自己，充分开发蕴藏在身心里而尚未利用的财富，发挥人性的优点，去开拓成功幸福的新生活之路。《人性》是卡耐基思想的精华，不论你是什么职业、性别、年龄，这部充满力量、充满智慧的书，在生活中一定会给你启迪，使你勇敢地克服自己的弱点，成为人群中的佼佼者。

自从《人性》问世以来，就改变了千千万万人的命运。发明之王爱迪生、相对论鼻祖爱因斯坦、印度圣雄甘地、建筑业奇迹的创造者里维父子、旅馆业巨子希尔顿、麦当劳的创始人雷·克洛克等，都深受卡耐基思想和观点的影响。卡耐基的思想具有极强的实用性和指导性，以及对社会各类人群和各个时代的适应性，随着时间的流逝，卡耐基的思想和见解并没有被时代所抛弃；相反，在今天这个竞争激烈的社会，他的思想和洞见更加深刻和实用，对于人们更具有指导意义。阅读本书，将改变你的命运，让你拥有美好、快乐、成功的人生。

目录 CONTENTS

▲ **第一章　把别人吸引到身边来**
仪表是你的门面 / 1
一见面就喊出对方的名字 / 6
练就一流口才 / 11
微笑常挂嘴角 / 14
制造戏剧化效果 / 18

▲ **第二章　把握人际交往的关键**
了解鱼的需求 / 21
我要喜欢你 / 29
管住自己的舌头 / 35
扩大交际范围 / 38
该告别时就告别 / 40

▲ **第三章　完美交际的 7 项法则**
结识良友 / 45

常用赞美 / 50

勿忘倾听 / 53

学会"纠错" / 58

掌握话题 / 61

尊重对方 / 64

换位思考 / 66

▲ 第四章　不露痕迹，改变他人

用赞誉作开场白 / 71

不要把意见硬塞给别人 / 73

"旁敲侧击"更使人信服 / 76

"帽子"的妙用 / 78

保全对方的尊严 / 80

▲ 第五章　如何使交谈更愉快

十之八九，你赢不了争论 / 83

争取让对方说"是" / 87

鼓励对方多说 / 91

用耳朵来交谈 / 95

3/4 的人渴望得到的 / 98

第六章 擦拭心灵，来一场忧虑的革命

科学对待：平均率帮你战胜忧虑 / 104

平衡心理：平静让忧虑止步 / 109

正视现实：不要试图改变不可避免的事 / 114

忠于自我：这才是快乐的人生 / 118

活在今天：今天比昨天和明天更宝贵 / 123

杞人无忧：别让小事妨碍了你的大事 / 134

第七章 做自己情绪的主人

愤怒意味着无知 / 139

学会控制你的愤怒 / 144

别让悲伤挡住了你的阳光 / 148

学会喜欢自己 / 151

用行为控制情感 / 156

第八章 将快乐随身携带

快乐是一种能力 / 161

心理暗示的魔力 / 165

寻找快乐的"发源地" / 169

从生活中捡拾情趣 / 173

假装快乐，你真的就会快乐 / 178

▲ 第九章　笑对讥讽批评，从别人的镜子中打量自己

这是我的错 / 184

没有人会踢一只死狗 / 190

让批评随风而去 / 192

用幽默化解危机 / 196

▲ 第十章　逆风飞扬，舞出生命精彩

有悲伤的地方才会有圣地 / 200

学会赢在失败 / 204

化劣势为优势 / 209

不要认为自己一无所有 / 216

当太阳升起时再度充满精神 / 220

▲ 第十一章　拥有美好的家庭生活

为什么婚姻会出现问题 / 225

婚姻是幸福的温床 / 228

认识爱情，结识幸福 / 235

每天增进爱情的深度 / 238

真正的幸福源自细节 / 244

第一章

把别人吸引到身边来

仪表是你的门面

◇有意识地尽量拿出最好的仪表,注意干净整洁,竭力保持自尊和真诚,这样才能帮助你渡过重重难关,带给你尊严、力量和魅力,使你赢得别人的尊敬和钦佩。

◇人的确不是由衣装造就的,但衣装给我们的生活带来的影响远远出乎我们的意料。

我们的身体是最重要的自我表现方式。身体的外表被认为是内在的反映。如果一个人的外表可憎,我们完全有理由认为他的思想也是这样的。通常,这种结论也是成立的。高尚的理想、活泼健康的生活和工作本身与个人卫生的不整洁都是势不两立的。

我会把清洁的位置摆放得很高,因为我相信绝对的清洁就是神性。灵与肉的清洁或纯洁能把人升华到最高境界。一个不洁净的人只是头野兽而已。

要保持良好的仪表,最重要的一点就是要经常洗澡。每天洗澡能保证皮肤的清洁与健康,否则身体是不可能健康的。对头发、手和牙齿的护理也相当重要,一定要细致周到,不能马虎草率。

修剪指甲的用具很便宜,人人都买得到,如果你买不起一整套用具,你可以只买一把指甲刀,把指甲修剪得光滑干净。

护理牙齿是一件简单的事,然而,人们在牙齿卫生上犯的错误可能要比在其他方面犯的错误更多。我认识一些年轻人,他们衣着考究,对自己的仪表非常得意,但他们却忽视了自己的牙齿。他们没有意识到,人的仪表中没有比脏牙、蛀牙,或是缺了一两颗门牙更糟糕的缺陷了。呼吸当中的恶臭更令人无法忍受,如果知道有这种后果,就没有人会忽视他的牙齿了。没有哪个老板会乐意要一个缺了一两颗门牙的职员或速记员。

对于那些在社会上谋生的人来说,关于衣着的最佳建议可以概括为一句话:"让你的衣着得体,但不需要昂贵。"衣着朴素具有最大的魅力,现在市面上有大量物美价廉的衣物可供选择,大部分人能买到好衣服穿。但是如果条件所限,不能买到更好的衣物,也不必为一套寒酸的衣服害羞。穿一件花钱买的旧外套比穿一件不花钱的新外套更能赢得别人的尊敬。

不可避免的寒酸不会让人产生反感,但是邋遢却使人一见之下顿生厌恶。只要你量入为出地打扮自己,不管多穷,你都可以穿得很得体。应该有意识地尽量拿出最好的仪表，注意干净整洁，竭力保持自尊和真诚，这样才能帮助你渡过重重难关，带给你尊严、力量和魅力，使你赢得别人的尊敬和钦佩。

赫伯特·乌里兰很快就从长岛铁路一个普通路段工人提升为纽约市铁路局的董事。在一次关于如何获取成功的演说中，他说："衣服不能造就一个人，但好衣服能使人找到一份好工作。如果你有25美元，又需要一份工作的话，最好花20美元买一套衣服，花4美元买双鞋，剩下的钱买一个刮胡刀、一个发剪、一个干净的领圈，然后去找工作。千万不要带着钱，穿着一身破旧西装去应聘。"

多数大公司都规定不雇用衣衫褴褛、邋里邋遢，或是应聘时衣冠不整的人。芝加哥最大一家零售商店的招聘主管说："招聘的原则必须严格遵守，对于一个应聘者来说，经受住考验的最重要条件就是他的仪表。"

璞玉浑金的价值不知要比抛光的玻璃高出多少倍，但是有时候就是明珠投暗。有些应聘者凭借齐整的仪表获得了一份工作，虽然很多被拒之门外的邋遢应聘者要比他们深刻得多。他们的能力可能还不及那些被拒之门外的人的一半，但是既然有了工作,他们就会设法提升自己的能力以保住这个饭碗。

这条通行全美的招聘原则在英国同样适用,《伦敦布商》杂志就可以作证,它这样说道:"越是注意个人清洁卫生和衣着整洁的人,就越能仔细地完成工作。个人生活邋遢的工人工作也会马马虎虎。而关注仪表的人也同样地注意工作的效果。"

柜台后面是什么样,车间里很可能也就是什么样。整洁的女售货员一定很讲究穿着,她会厌恶肮脏的衣领、磨破的袖口和皱巴巴的领带,难道不是这样吗?事实上,关注个人习惯和整体仪表,就会对邋遢散漫的习惯产生警觉。

我强调衣着的重要性,但并不是要你像英国花花公子博·布鲁梅尔那样,一年仅做衣服就花4000美元,扎一个领结也要花上几个小时。过分注重穿着甚至比完全忽视还要糟糕。那些像博·布鲁梅尔那样的人太讲究穿着了,他们一门心思地扑在对衣着的研究上,而忽略了内心修养和神圣的责任。在我看来,穿衣应该量入为出,与身份相称,这既是一种责任,也是最实际的节俭。

许多年轻人误以为"穿着得体"就一定是指要穿贵重的衣服。这种观点与完全忽视穿着同样是错误的。他们把本该花在头脑和心灵修养上的时间用在了梳妆打扮上。他们老是在盘算该怎样用微薄的收入来买昂贵的帽子、领带或是大衣。如果他们买不起渴望得到的东西,就会买便宜的赝品来代替,结果他们的穿着会显得很可笑。这类年轻人戴廉价戒指、打猩红色领带、穿大格纹衣服。他们肯定是职位低下者。卡莱尔这样形容这类花花公子——"一个花里胡哨的人——他的职业和生活就是穿衣——他的精神、灵魂和钱包都无畏地献给了这一目的。"他们就为了穿衣而活着，他们没有时间学习文化，没有时间努力工作。

莎士比亚说："衣装是人的门面。"这一说法得到了全世界的认同。许多人经常因为他们不得体的穿着而备受指责。初看起来，仅凭衣着去判断一个人似乎肤浅轻率了些，但经验一再证明：衣着的确是衡量穿衣人的品位和自尊感的一个标准。渴望成功的有志者应该像选择伴侣一样谨慎地选择衣装。古谚云："我根据你的伴侣就能判断你是什么样的人。"某个哲学家也说过一句精妙的话："让我看看一个妇女一生所穿的所有衣服，我就能写出一部关于她的传记。"

人的确不是由衣装造就的，但衣装给我们的生活带来的影响远远出乎我们的意料。普林提斯·马尔福德说，衣装能影响人类的精神面貌。这并非言过其实，只要想想衣装对你自己的影响程度有多大就够了。

假设让一个女人穿着一件破旧肮脏的衬衣，那么它就会影响到她，使她对自己的头发是肮脏还是扭结都漠不关心。她的脸和手干净与否，穿的鞋子多么破烂，都无关紧要，因为在她看来，"穿着这件旧衬衣没有什么不好"。她的步态、风度、情感倾向，都将潜移默化地受到这件旧衬衣的影响。如果她能改变一下——换上一件漂亮的棉裙，那么她的模样和举止将会多么地不同啊！她的头发一定会梳理得宜，会与她的穿着相得益彰。她的脸庞、手和指甲一定会干干净净。破旧肮脏的鞋也会换成合脚的便鞋。她的思想也会焕然一新。她会更加尊敬衣冠整洁的人士，会远离穿着邋遢的人。"你想改变你的意识吗？那么就改变你的穿着吧。你马上就会感觉到效果。"

一见面就喊出对方的名字

◇让人喜欢的最简单、最容易理解的方法，就是记住对方的名字，让对方有种被重视的感觉。

◇我们可以看到名字所能包含的奇迹，名字能使人出众，它能使他在许多人中显得独立。

人们对自己的名字如此重视，不惜以任何代价使自己的名字永垂不朽。盛气凌人、脾气暴躁的美国马戏团创始人P.T.巴纳姆，因为自己的儿子没有继承"巴纳姆"这个姓氏而感到失望，他承诺，如果他的孙子愿意继承"巴纳姆"姓氏的话，他将赠给孙子2.5万美金。几个世纪以来，贵族和企业家都资助着艺术家、音乐家和作家，以求他们的作品能够献给自己。图书馆和博物馆最有价值的收藏品，都来自那些一心一意担心

让人喜欢的最简单、最容易理解的方法，就是记住对方的名字，让对方有种被重视的感觉。

他们的名字会从历史上消失的人。纽约公共图书馆拥有阿斯德和雷诺克斯的藏书。大都会博物馆保存了爱德门和马根的名字。几乎每一座教堂,都装上了彩色玻璃窗,以纪念捐赠者的名字。

而现实生活中多数人不记得别人的名字,而真正的原因是,他们为自己造出借口:太忙了。

他们不可能比富兰克林·罗斯福更忙,罗斯福为了记住一个只见过一面的机械工的名字而不惜花费一些时间。克莱斯勒汽车公司为罗斯福总统订做了一辆特别的汽车,由张伯伦和一个机械工把这辆车送到总统官邸。张伯伦对当时的情况做了如下叙述:

"我拜访官邸时,总统的心情非常好。他直接唤我的名字,而且跟我聊天,所以我的心情也变得相当愉快。许多人都来围观这辆新车。总统在这些围观者面前,对我说:'张伯伦先生,制造这辆珍贵的车时,每天一定是很辛苦的,实在令人敬佩!'然后他对散热器、后视镜、车内装潢、驾驶座位以及行李箱中附有标记的手提箱等,一一检视过后,频频表示敬佩。当驾驶练习完毕之后,总统就对我说:'张伯伦先生,我已经让联邦储备银行的人等了30多分钟,我想该去办公了!'

"那时我是带着一名机械工一块儿去的。到达官邸时我就把他介绍给总统。总统只听过一次他的名字。但是当我们辞行的时候,总统找到这名机械工,亲切地呼唤他的名字,握着手表示谢意。

"回到纽约几天后,我收到总统亲笔签名的照片和感谢函。到底总统是如何挤出这些时间干这些事的,我实在不知道。"

确实有的人的名字是相当难记的,发音不方便的尤其如此。这些难记的名字大部分人很快就忘了,于是要以绰号来弥补。大部分的人称尼古德姆斯·巴巴托洛斯为"尼克",而尼克却喜欢人家以正式的名字称他。席德·雷温记住了尼克那复杂的名字。雷温说:

"见面那天,我于出门前反复练习这个名字:'午安,尼克德姆斯·巴巴托洛斯先生!'当我用全名跟他打招呼时,他一时愣住了,半晌才泪流满面地说:'雷温先生,我到这个国家已有15年了,在这之前,还没有一个人能用这样的名字称呼我!'"

让人喜欢的最简单、最容易理解的方法,就是记住对方的名字,让对方有种被重视的感觉。

在著名推销员吉姆为一家石膏公司做推销员四处游说的好些年中,吉姆能记住5万人的名字,他发明了一种记忆姓名的方法。

最初,方法极为简单。无论什么时候遇见一个陌生人,他就要问清那人的姓名,家中人口,职业特征。当他下次再遇见那人时,尽管那是在一年以后,他也能拍拍他的肩膀,问候他的妻子儿女，问他后院的花草。难怪他得到了别人的追随！

他一天写数百封信，发给西部及西北部各州的人。然后他跳上火车，在19天中，用轻便马车、火车、汽车、快艇游经20个州，行程12000里。每进入一个城镇，就同人们倾心交谈，然后驰往下段旅程。

回到东部以后，他立刻给他所拜访过的城镇中的某个人写信，请他们将他所谈过话的客人名单寄给他。到了最后，那些名单的名字多得数不清，但名单中每个人都得到吉姆一封私函。这些信都用"亲爱的比尔"或"亲爱的杰"开头，而它们总是签着"吉姆"的大名。

吉姆发觉，普通人对自己的名字最感兴趣。记住他人的姓名并能十分容易地呼出，便是对他人的一种巧妙而很有效的恭维。但如果忘了或记错了他人的姓名，你就会置你自己于极为不利的地位。

记住别人的名字，在政治上一样重要。

拿破仑三世不论政务多么繁忙，总要记住所有遇见过的人的名字。他所用的方法非常简单。当他没有听清楚对方的名字时，他就说："对不起，请再说一次！"要是听到奇怪的名字，他就请对方书写下来。和对方谈话的时候，他就一再反复使用对方的名字，然后很努力地把对方的容貌、表情、姿态等一起记入脑海中。

要是对方是一位重要的人物，他就特别下苦心。回到宫里,他就马上写下对方的名字,然后集中精神凝视着这便条,待完全记牢后再把这便条撕碎丢掉。可谓眼耳并用。

这是相当费时的方法,但借用爱默生的话:"良好的习惯是需要一些牺牲完成的。"

我们可以看到名字所能包含的奇迹,名字能使人出众,它能使他在许多人中显得独立。我们的要求和我们要传递的信息,只要由名字这里着手,就会显得特别重要。不管是女侍或是总经理,在我们与别人交往时,名字都会显示它神奇的作用。

练就一流口才

◇如果你想使自己成为一个令人愉悦的人,你就必须想方设法地了解与你对话者的生活,并且用他们最感兴趣的内容来打动他们。

◇要想成为一个优秀的谈话者,你必须是自然而不造作,活泼而不轻浮,富于同情心而不惺惺作态,你必须从你的心底流露出一种善良的意愿。

有这样一个聪明的女士,她尽管说得很少,但却享有盛名,被公认为一个优秀的交谈者。她在交谈时的态度非常热诚且善解人意,因此,在她面前即便是最羞怯最胆小的人,也会在她的鼓励下谈论自己身上最美的闪光点,并感到自己能轻松自如地和她谈话。她解除和驱逐了别人的担忧和疑虑,使得他们能够畅所欲言,向她诉说无法向其他人诉说的东西。人们认为她是一个有趣的、成功的谈话者,因为她能够挖掘别人身上最优秀的内涵。

如果你想使自己成为一个令人愉悦的人,你就必须想方设法地了解与你对话者的生活,并且用他们最感兴趣的内容来打动他们。不管你对一个话题是多么地了解,如果它不能令你的谈话对象产生兴趣,那么你的努力大半都是徒劳的。

高明的谈话者总是机智得体——他在逗趣的同时不会冒犯和得罪他人。如果你想令他人感到诙谐有趣,你就不能戳伤他们的痛处,或者是对他们的家庭琐事喋喋不休。一些人有那种特殊的品质,他们能够准确地挖掘我们身上最美的闪光点。

林肯就是这样一位非凡的艺术大师,他使得自己在任何人面前都能做到诙谐风趣。他用生动有趣的故事和玩笑使人们彻底放松紧张的心情,所以,很多人在林肯面前都感到非常轻松自如,以至于愿意毫无保留地向林肯倾诉心底的秘密。陌生人总是乐于和他谈话,因为他是如此地热诚和风趣,和他谈话时简直感到如沐春风,并且受益良多。

像林肯所具备的这种幽默感当然是增强谈话感染力的重要因素,但是,并不是每个人都能如此幽默风趣;如果你缺少幽默的天赋,而又企图牵强地制造幽默时,结果往往是适得其反，令你自己显得滑稽可笑。

然而，一个高明的谈话者必须不能过于严肃或不苟言笑。他不过多地列举一些枯燥的事实，不管这些事实是多么重要。因为枯燥的事实和单调乏味的统计数据只能令人感到沉闷和厌烦。生动活泼是高明的谈话所不可缺少的。沉重的谈话惹人厌烦，而过于轻浮的谈话同样令人反感。

因此，要想成为一个优秀的谈话者，你必须是自然而不造作，活泼而不轻浮，富于同情心而不惺惺作态，你必须从你的心底流露出一种善良的意愿。你必须真正感觉到那种乐于帮助他人的热诚，并且全身心地投入到那些令他人感兴趣的事物之中。你必须吸引人们的注意力，并且通过打动他们的内心来牢牢地抓住他们的注意力，而这只有借助于一种令人感到温暖的同情和共鸣，一种真正友善的同情和共鸣——才能做到。如果你是冷漠的、缺乏同情心的、拒人于千里之外的，你根本不能抓住他们的注意力。

你必须胸怀开阔，宽容他人。一个胸襟狭小、吝啬小气的人永远都不能成为高明的谈话者。如果某人总是对你的个人爱好、你的判断力、你的鉴赏力横加干涉，那么你永远都不会对他感兴趣。如果你紧紧地封锁了任何一条可以靠近你的心灵的途径，所有沟通和交流的渠道都对别人关闭了，那么，你的魅力和热诚就由此被切断了，你们之间的谈话只能是漫不经心的、马马虎虎的和机械单调的，不会带有任何活力或感情。

你必须使你的听众靠近你,必须开放你的心灵,并以一种最自然的状态去拥抱对方。你必须先作出响应,然后他人才会毫无保留地向你展示自己,使得你自由地进入他的内心最深处。如果一个人在任何地方都是成功者,那么其奥秘只能在于他的个性,在于他拥有一种能够以强有力的、生动有趣的语言有效地表达自己思想的能力。他没有必要通过罗列财富清单的形式向人展示自己有多成功,事实上,只要他一开口说话,财富就会源源而来,他的表达能力就是他最大的财富。

微笑常挂嘴角

◇在交际中,微笑的魅力是无穷的。它就像巨大的磁铁吸片一样,吸引着你周围的人们。

◇一个面带微笑的人将永远受欢迎。

微笑作为一种表情,它不仅是形象的外在表现,而且也往往反映着人的内在精神状态。一个奋发进取、乐观向上的人,一个对本职工作充满热情的人,总是微笑着走向生活、走向社会的。

在交际中,微笑的魅力是无穷的。它就像巨大的磁铁吸片一样,吸引着你周围的人们。

关于微笑艺术,我们应该了解的是:

首先，应具备正确的心理态度，要对这个世界和世人关切。要想取得巨大的成功，就必须如此。但是即使是例行公事般的微笑仍是有益的，因为那会在别人心中产生快乐，并且会等价地回报你。在别人心中创造快乐的感觉，会使你自己心中也感到快乐。久而久之，你就学会真心地微笑了。

而且，在微笑时，任何的不愉快或不自然的感觉都在你心中趋向静止和平衡。向别人微笑时，你是在以一种巧妙而高尚的方式向别人袒露你喜欢他的心迹，他会理解你的意思而去加倍喜欢你；微笑的习惯，带给你的是完美的个人形象和愉快的生活环境。

加利福尼亚大学心理学教授詹姆斯·麦克尔表达了他对微笑的看法：微笑永远有魅力。当你在微笑时，你的精神状态最为轻松，全身的肌肉处于松弛状态，而且，你的心理状态也就相对稳定，当你那充满笑意的眼光与别人的目光相遇时，你的笑意会通过这道"无形的眼桥"传递给他，他会被你的快乐情绪所感染。自然而然地，你们之间的气氛会变得和谐。你们相处得融洽，交流起来也容易多了。反过来如果你老是皱着眉头，挂着一副苦瓜脸，那没有人会欢迎你的：想获得交往的乐趣，首先就必须使对方和自己快乐才行。

我曾提议许多实业家每天展现他们的笑脸，这样持续一个星期，再把结果拿到训练班上发表。有一个学员是纽约股票场外经纪人瓦利安·史达哈德。他说：

"我结婚已18年,以前在家中,从没有对妻子展露笑容,可说是世上最难伺候的丈夫了。为了完成关于笑的试验,我就试着笑一个星期看看。就在隔天的早上,我边整理头发,边对镜中板着脸孔的自己说:'比尔,今天收起这种不愉快的表情吧,让我看看笑容,赶快去笑吧!'早餐的时候,我就一面对太太说早安,一面对她微微一笑。我太太非常吃惊。事实上,不但如此,她简直是深受震撼。从此我每天都那样做。到目前为止,已经持续了两个月。态度改变以来的这两个月,前所未有的那种幸福感,使我们的家庭生活十分愉快。

"现在,每天走入电梯我会对服务生微笑道早安,对守卫先生也以微笑招呼,在地铁窗口找零钱也是这么做的。即使在交易所,对那些没看过我笑脸的人,也都报以微笑。不久我发现,大家也都还我一笑,而对于那些有所不满、烦忧的人,我也以愉快的态度与其相处。在带着微笑倾听他们的牢骚后,问题的解决也变得容易多了。而且笑容也能使人增加很多财富。我也不再责备人,相反地,懂得去褒扬别人;绝口不提自己所要的,而时时站在别人的立场体贴人。正因如此,生活上也整个发生了变化。现在的我和以前的我完全不同,是一个收入增加、交友顺利的人了。我想,作为一个人,没有比这更幸福的了。"

爱伦巴特·哈巴德的话同样能给人以启发:

"出门时抬头挺胸,然后做个深呼吸,呼吸一下新鲜空气。笑脸迎人，诚心和人握手，即使被误会也别担心，且不要浪费时间去设想你的敌人，认真决定想做的事情，然后向目标勇往直前。并且把心放在那些伟大光明的工作上。心理的活动是微妙的。而正确的精神状态就是经常保持勇气、率直和明朗。正确的精神状态也具有优越的创造力。一切的事物都是由愿望所产生，而祈求者的愿望会得到回应。正确的思想就是创造，所有事情都来自欲望。昂起你的头，露出你的笑容吧！"

查尔斯·哈里布曾说过，他的微笑可以值100万美元。一点微笑怎么会有这么高的价值呢？因为他掌握了微笑的秘诀，把它恰当地运用于商场交际中，就凭这，他使他的公司周旋于一些实力很强的大公司之间，赚取了大量的钱，而且获得了好名声。

如果你不善于微笑，那么，强迫自己露出微笑。如果你是单独一个人，强迫自己吹口哨，或哼一支小曲，表现出你似乎很愉快，这就容易使你愉快。按照已故的哈佛大学威廉·詹姆斯教授的说法——

"行动似乎是跟随在感觉后面，但实际上行动和感觉是几乎平行的，而控制行动就能控制感觉。因此，如果我们不愉快的话，要使自己愉快起来的积极方式是：愉快地行动起来，而且言行都好像已经愉快起来……"

制造戏剧化效果

◇在当今这个戏剧化的时代,仅仅平铺直叙是不够的。你必须使用吸引人的方法。

◇使事实更生动、有趣而戏剧化地表现出来,才能有效地吸引人们的注意。

《费城晚报》曾被一项危险的谣言恶意中伤。广告客户受到警告,说这家报纸刊登的广告太多,新闻太少,因此不再吸引读者的兴趣。《费城晚报》必须立即采取行动,制止这项谣言。

但他们怎么进行呢?《费城晚报》采取了下述行动。

他们把该报一个平常日子里所有版面上的各式新闻及文章全部剪下来,加以分类,印成一本书。这本书的书名就叫《一天》,共有307页,和一本售价两美金的书页数一样多,然而售价不是两元,而是两分。

那本书的发行,戏剧化地澄清了一个事实:《费城晚报》刊登了大量深具可读性的有趣新闻及文章。这个方法比仅仅发表一些数字及谈话,更生动、更有趣、更能表现事实,并能留给人深刻的印象。

在当今这个戏剧化的时代,仅仅平铺直叙是不够的。你必须使用吸引人的方法。电影这么做,电视这么做,如果你想引起人们的注意,你也必须如此做。使事实更生动、有趣而戏剧化地表现出来,才能有效地吸引人们的注意。

橱窗展示专家就很了解戏剧化的力量。例如,生产一种新的灭鼠药的厂商,在为经销商参观而设计的橱窗展示之中,放置了两只活的老鼠,结果展示活老鼠的那一个星期的销售量突然上升,比平时多出5倍。

电视广告中更充满了运用戏剧化的技巧以促销产品的例子。晚上你坐在电视机前面,分析一下广告专家在他们的每一个广告之中的表现手法。你会看到一种解酸剂如何能够在试管中把酸的颜色改变;一种牌子的肥皂或肥皂粉如何把油污的衣服洗干净;你会看到一辆汽车左转右转奔驰着,表现得比广告词中所说的还要好;快乐的面孔显示出对各种产品的满意。所有这些都是为了把产品能提供的好处戏剧化地表现出来,而且确实能够促使观众去买这些东西。

戏剧化的方法也可适用于日常生活。方特想叫他5岁的儿子和3岁的女儿玩耍后把玩具收拾起来,为此他发明了一列"火车"。儿子为司机,骑着他的三轮车,女儿的篷车接在三轮车后面。晚上,当她的哥哥骑着车子绕室而行的时候,她就把所有的"煤"装上货车(她的篷车),然后,她也跳了进去。这样一来,屋内的玩具也很快就收拾好了,不需要教训、申斥或恐吓。

印第安纳州的希尔太太,在工作方面遇到了一些问题,认为必须和老板谈谈。星期一早晨她要求和老板面谈,但是他告诉她很忙，要她和他的秘书接头，看看能不能安排在星期四或星期五见面。秘书说他的行程表已经排满了，但是会想办法把她和老板见面的时间插进去。

在那整个星期里，她一直都没有得到秘书的通知。每当希尔太太去问，秘书都提出老板没有时间见她的理由。到星期五早上她还是没有得到确实的消息。希尔太太决心，要在周末之前见到老板和他讨论她的问题，因此希尔太太就自问她怎样才可能使老板接见她。

她最后的办法是这样：她写给老板一封正式的信函。信中，她表示完全了解老板一星期都很忙，但是她要和他面谈也极为重要。她随信附了一张字条和一个写上了自己名字的信封，请他或由他叫秘书把这张字条填好，然后送给她。这张表的内容是这样的：

"希尔太太：我将在×月×日×点钟拨出×分钟和你见面讨论问题。"

希尔太太在上午11点钟把这封信放在他的公文盒子里面，等到下午两点钟去看她的信箱的时候，就收到了自己写上名字的信封。老板亲自回了希尔太太的信，表示当天下午就可以见她，并且给她10分钟的谈话时间。希尔太太和他见了面，谈了一个多小时，解决了她的问题。

如果希尔太太不把她要见老板的这件事戏剧化起来，希尔太太可能到现在还在等着。

第二章

把握人际交往的关键

了解鱼的需求

◇成功的人际关系在于你能捕捉对方观点的能力;还有,看一件事须兼顾你和对方的不同角度。

◇天底下只有一种方法可以影响他人,那就是指出他们的需要,并让他们知道怎样去获得。

◇能设身处地地为他人着想、了解别人心里想些什么的人,永远不用担心未来。

每年夏天,我都会去梅恩钓鱼。我喜欢吃杨梅和奶油,然而基于某些特殊原因,我发现水里的鱼爱吃水虫。所以在钓鱼的时候,我就不作其他想法,而专心一致地想着鱼儿们所需要的。

我也可以用杨梅或奶油作钓饵,和一条小虫或一只蚱蜢同时放入水里,然后征询鱼儿的意见——"嘿,你要吃哪一种呢？"

为什么我们不用同样的方法来"钓"一个人呢？

有人问到路易特·乔琪，何以那些战时的领袖们，退休后都不问政事，唯独他还身居要职呢？

他告诉人们说："如果说我手掌大权有要诀的话，那得归功于我的心里明白，当我钓鱼的时候，必须放对鱼饵。"

我们怎么会扯到这上面来，那是无知的、不近情理的？世上唯一能够影响别人的方法，就是谈论人们所要的，同时告诉他，该如何才能获得。

明天你希望别人为你做些什么，你就得把这件事记住，我们可以这样比喻：如果你不让你的孩子吸烟，你无须训斥他，只要告诉孩子，吸烟不能参加棒球队，或者不能在百码竞赛中夺标。不管你要应付小孩，或是一头小牛、一只猿猴，这都是值得你注意的一件事。

有一次，爱默生和他儿子想使一头小牛进入牛棚，他们就

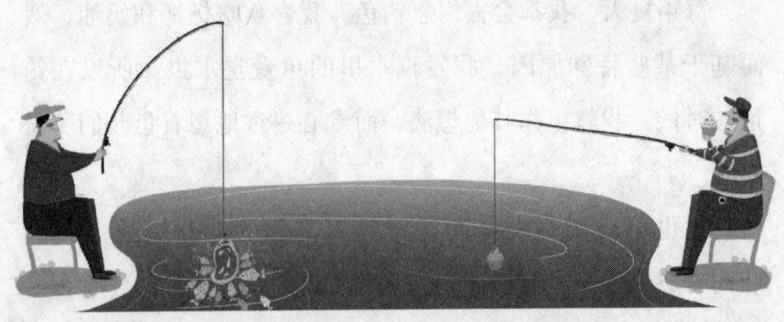

犯了一般人常有的错误，只想到自己所需要的，却没有顾虑到那头小牛的立场……爱默生推，他儿子拉。而那头小牛也跟他们一样，只坚持自己的想法，于是就挺起它的腿，强硬地拒绝离开那块草地。

这时，旁边的爱尔兰女佣人看到了这种情形，她虽然不会写文章，可是她颇知道牛马牲畜的感受和习性，她马上想到这头小牛所要的是什么。女佣人把她的拇指放进小牛的嘴里，让小牛吸吮着她的拇指，然后温和地引它进入牛棚。

从我们来到这个世界上的第一天开始，我们的每一个举动，每一个出发点，都是为了自己，都是为我们的需要而做。

哈雷·欧佛斯托教授，在他一部颇具影响力的书中谈道："行动是在人类的基本欲望中产生的……对于想要说服别人的人，最好的建议是无论是在商业上、家庭里、学校中、政治上，在别人心念中，激起某种迫切的需要，如果能把这点做成功，那么整个世界都是属于他的，再也不会碰钉子，走上穷途末路了。"

明天当你要向某人劝说，让他去做某件事时，未开口前你不妨先自问："我怎样使他要做这件事？"

这样可以阻止我们，不要在匆忙之下去面对别人，最后导致多说无益，徒劳而无功。

在纽约银行工作的芭芭拉·安德森，因为儿子身体的缘故，想要迁居到亚利桑那州的凤凰城去。于是，她写信给凤凰城的12家银行。她的信是这么写的：

敬启者：

我在银行界的十多年经验，也许会使你们快速增长中的银行对我感兴趣。

本人曾在纽约的金融业者信托公司，担任过许多不同的业务处理工作，现在则是一家分行的经理。我对许多银行工作，诸如：与存款客户的关系、借贷问题或行政管理等，皆能胜任愉快。

今年5月，我将迁居至凤凰城，故极愿意能为你们的银行贡献一己之长。我将在4月3日的那个星期到凤凰城去，如能有机会做进一步深谈，看能否对你们银行的目标有所助益，则不胜感谢。

芭芭拉·安德森谨上

你认为安德森太太会得到任何回音吗？11家银行表示愿意面谈。所以，她还可以从中选择待遇较好的一家呢！为什么会这样呢？安德森太太并没有陈述自己需要什么，只是说明她可以对银行有什么帮助。她把焦点集中在银行的需要，而非自己。

但是仍然有许多销售人员，终其一生不知从顾客的角度去看事情。曾有过这样一个故事：几年前，我住在纽约一处名叫"森林山庄"的小社区内。一天,我匆匆忙忙跑到车站,碰巧遇见一位房地产经纪人。他经营附近一带的房地产生意已有多年,对森林山庄也很熟悉。我问他知不知道我那栋灰泥墙的房子是钢筋还是空心砖,他答说不知道,然后给了张名片要我打电话给他。第二天,我接到这位房地产经纪人的来信。他在信中回答我的问题了吗?这问题只要一分钟便可以在电话里解决,可是他却没有。他仍然在信中要我打电话给他,并且说明他愿意帮我处理房屋保险事项。

他并不想帮我的忙,他心里想的是帮他自己的忙。

亚拉巴马州伯明翰市的霍华德·卢卡斯告诉我,有两位同在一家公司工作的推销员,如何处理同样一件事务:

"好几年前,我和几个朋友共同经营了一家小公司。就在我们公司附近,有家大保险公司的服务处。这家保险公司的经纪人都分配好辖区,负责我们这一区的有两个人,姑且称他们为卡尔和约翰吧!

"有天早上,卡尔路经我的公司,提到他们一项专为公司主管人员新设立的人寿保险。他想我或许会感兴趣,所以先告诉我一声,等他收集更多资料后再过来详细说明。

"同一天,在休息时间用完咖啡后,约翰看见我们走在人行道上,便叫道:'嘿,卢克,有件大消息要告诉你们。'他跑过来,很兴奋地谈到公司新创了一项专为主管人员设立的人寿保险(正是卡尔提到的那种),他给了一些重要资料,并且说:'这项保险是最新的,我要请总公司明天派人来详细说明。请你们先在申请单上签名,我送上去,好让他们赶紧办理。'他的热心引起我们的兴趣,虽然都对这个新办法的详细情形还不甚明了,却都不觉上了钩,而且因为木已成舟,更相信约翰必定对这项保险有最基本的了解。约翰不仅把保险卖给我们,卖的项目还多了两倍。

"这生意本是卡尔的,但他表现得还不足以引起我们的关注,以致被约翰捷足先登了。"

在这个世界上,一些表现得不自私、愿意帮助别人的人,能得到极大益处,因为很少人会在这方面跟他竞争。欧文·杨是一个著名律师,也是美国有名的商业领袖。他说过:"能设身处地地为他人着想、了解别人心里想些什么的人,永远不用担心未来。"

我们再重复一遍欧佛斯托教授充满智慧的忠言:"要首先引起别人的渴望,凡能这么做的人,世人必与他在一起。这种人永不寂寞。"

训练班有名学生,一直为自己的小儿子操心不已。他的小男孩体重过轻,而且不肯好好吃东西。这对父母用的是大家最常用的方法——责备和唠叨。"妈妈要你吃这个和那个。""爸爸要你以后长得高大强壮。"这个小男孩听得进多少这类的要求?这就好像把一撮沙子丢到海滨沙地一样。

只要你对动物还有一点认识,你就不会要求一名3岁小孩对他30多岁父亲的看法会有什么反应,更不要说完全依照父亲所期待的去做,那是荒谬无理的。这名学员后来也发现错误,便告诉自己:"我的儿子想要什么?我如何能把自己的需要和他的需要联结起来?"只要这位父亲一开始想,问题就变得容易多了。小男孩有一部三轮车,他最喜欢在自家门口附近骑着到处跑。但是街的另一头住了一个喜欢欺负弱小的大男孩,常常把小男孩从车上拉下来,然后把车子骑走。自然,小男孩会哭叫着跑回家去,然后妈妈便会跑出来,先把大男孩从三轮车上赶开,再让小男孩骑着车子回家。这事几乎每天发生。所以小男孩想要什么,这并不需要侦探福尔摩斯来回答。小男孩的自尊、愤怒和渴望具有重要性——所有他性格中最强烈的情绪——都促使他要采取报复行动,最好能一拳把那大男孩的鼻子打扁:这时,这位父亲就趁机向小男孩解释,假如他能把妈妈所给的食物吃下去,终有一天能足够强壮得把那大男孩痛揍一顿。此法果然奏效,小男孩从此不再有饮食方面的问题。他肯吃菠菜、泡菜、腌鲭鱼——凡是可以让他快快长大的食物都吃。因为他实在太渴望早日把那个大男孩狠揍一顿,好一解长久以来所受的怨气。

　　解决了这个问题之后,这对父母又得处理另一个问题:原来小男孩一直有尿床的坏习惯。小男孩与祖母同睡,每天早上,祖母醒过来发现被单是湿的,便会说:"强尼,看,你昨晚又尿床了!"小男孩就会回答:"不是我,是你自己尿床。"

责备、处罚、取笑或一再警告，所有能用的方法都用遍了，就是无法让他改掉这个坏习惯。那么，如何才能让孩子自己想要不尿床？

小男孩调皮地回答，他想要一套像爸爸一样的睡衣，而不是现在所穿的睡袍，那看起来像祖母穿的。老祖母早已受够小男孩尿床的坏习惯，所以很乐意买一套那样的睡衣送给他。他还想要一张自己的床。祖母也不反对。

小男孩的母亲带他到家具店去。她先对店里的女店员眨眼示意，然后说道："这位小男士想要买些东西。"

"年轻人，我可以帮什么忙吗？你想要什么东西？"

这话使小男孩深觉自己的重要。他尽量站得使自己看起来高些，然后回答："我要给自己买张床。"

女店员便带小男孩看了好几张床。等男孩的母亲示意哪一张比较合适，女店员便说服小男孩把它买下来。

第二天，床送来了。当天晚上，父亲回家的时候，小男孩就赶紧拉着爸爸到楼上看他的床。

父亲看了那张新床，然后真诚而慷慨地发出赞美之言："你不会把这张床尿湿吧，会吗？"

"哦，不会的，不会的，我不会再把床尿湿了。"小男孩果然遵守诺言，因为这里面有他的尊严，而且，这是他自己买的床。他现在穿着和父亲一样的睡衣，完全像个小大人了，所以他也要举止行为像个小大人一样。

我们应记住：要首先引起别人的渴望。凡能这么做的人，世人必与他在一起。这种人永不寂寞。

我要喜欢你

◇外交的秘诀仅在5个字：我要喜欢你。

◇只是我们把次序弄错了——我们是希望别人先来喜欢我们，却不曾想到如何才能让人喜欢。

当然，为了要得到友谊和情爱，我们必须先认清"施比受更有福"，然后把这种认知用实际行为表现出来。我们不能只是把金矿藏在内心，黄金必须使用才能显示其价值，像《圣经》所说的："由所结的果子，便可认出他们来。"

我常听到许多人埋怨："我性情过于羞怯，很难引起别人注意""没有人会对我感兴趣"或是"别人并不想认识我"等。

不错，别人为什么要喜欢你呢？这世界并没有义务非要喜欢你或我，或任何一个人。有什么特别理由别人会特别选中你（无论是工作或社交的理由）？除非我们具有他们所要的特质，否则，他们没有必要特别注意到你。

玛丽安·安德逊曾经很生动地描述她早期的生活——她那时事业失败，整个人很不得志，几乎就要放弃歌唱生涯。后来，凭借祷告和心灵的追求，她才逐渐恢复勇气和信心，准备继续为自己的事业奋斗下去。有一天她兴致勃勃地向母亲说道："我要再唱下去！我要每个人都喜欢我！我要继续追求完美！"

母亲回答道："很好啊！这是很好的志向——但是，要知道，耶稣以完美的形象到这世界上来，却还是有人不喜欢他。人在成就伟大的事业之前，必须先学会谦卑。"玛丽安听了深受感动，因此决心在音乐造诣上"力求"完美，而不是"想要"完美。"谦卑先于伟大"，这是母亲给她的最好赠言。

著名作家荷马·克洛伊是我的好朋友，十分懂得交友之道。凡是碰到他的人，无论是清道夫、百万富翁、妇孺老幼——都会在与他相处15分钟之内对他产生好感。为什么呢？他既不年轻，又不英俊，更不是百万富翁，他有什么魅力可以吸引人呢？很简单，因为他一点也不矫揉造作，并且能让别人感觉到他真的喜欢、关心他们。

小孩会爬到他的膝上，朋友家的仆人会特别用心为他准备餐点，而且，假如有人宣布："今晚荷马·克洛伊会到这里来！"则当天的宴会一定没有人缺席。除朋友间深厚的感情之外，荷马·克洛伊的家人也都十分敬爱他。他的妻子、女儿，还有好几个孙儿，全都对他称赞不已。

究竟这位作家是如何赢得这种幸福的？说来也很简单——就是待人诚恳、热爱人类而已。对他来说，对方是什么人，或做什么事,他都不会在意。只要是身为一个人,对他便意义重大,值得付出关爱。每次他遇见陌生人,很快就能像老朋友一样交谈起来——并不是专谈自己的事,而是尽量谈对方的事。他借由问一些问题,可以知道对方从哪里来,做什么事,有没有什么家人,等等。他也不会唠叨个不停,只是向对方表示自己的兴趣和关心,借以建立起友谊。

这种方法,连最爱嘲笑人生的人,都会像阳光下的花朵一样吐露芬芳。正像约瑟夫·格鲁大使所说的:"外交的秘诀仅在5个字:我要喜欢你。"

得到友谊的最佳方法,是必须注重施予,而不是获得——但应该是亲自赢取得来的,而不是靠一时的吸引或哄骗。所谓赢取友谊的能力,并不是指勾肩搭背、与人攀谈、动作滑稽或讲些逗趣的笑话等。那应该指的是一种心境、一种处世的态度或是一种愿意把自己的爱、兴趣、注意力及服务精神献给他人的愿望。

一个有经验的推销员懂得对自己能否成功推销产品的担心会给心理造成障碍,这样会影响他适当地介绍他的产品。通用制造公司的董事长哈瑞·布利斯在大学期间靠推销缝纫机为生,他总结说:要想在推销员这个岗位上取得成功,就要忽略自己渴望销售出去的数量,而应该集中心思向客户介绍自己能提供什么样的服务。

如果一个人将精力用在为他人服务上,内心就会充满难以抗拒的力量。你怎么会拒绝一个企图帮你解决问题的人呢？

"我对推销员们说，"布利斯先生说，"如果他们一天到晚想的都是'我今天要尽力多帮助一些人'而不是'我今天要尽力多卖出一些产品'的话，就会发现接近买主不是那么困难了，然后销售业绩会出奇地好。能够帮助同胞获取快乐、轻松生活的人，是最高级的推销员。"

打高尔夫球时，会有人叮嘱我们不要让眼睛离开球；向成年人传授说话技巧时，我们告诫学生要把精力集中在他想要传达的信息上。紧张、害怕都是担心结果的表现，这是不可取的。

我自己就是从吃过的苦头中学到这一点的。我曾经是一个害羞的人，天生不善于公开讲话，要我面对一群听众就好比要一个普通人面对国会调查委员会一样费力。

好几年前，我准备发表演讲，当时的听众据说相当难缠。我事前与一位好朋友共餐，免不了流露出紧张的情绪。"假如听众不同意我讲的话，那怎么办？"我神经兮兮地问那位朋友，"假如他们不喜欢我，该怎么办？"

"不错，"朋友回答道，"他们为什么要喜欢你呢？你能给他们干什么？你认为自己要讲的话很重要吗？"

我承认那些东西对我来说的确意义十分重大。

"很好，"她继续说道，"我倒不觉得听众喜不喜欢你有什么重要。重要的是你有没有把想讲的信息传达出去。

至于他们喜欢或讨厌你，又有什么关系呢？至少，你已完成了任务。"

朋友的这番话，改变了我对演讲的整个看法。现在，每当我准备发表演讲的时候，都会在事前先静心祷告："神啊，求你帮助我传达出对这些听众有益的信息来，让他们有所收获，满心欢喜地回家。"这样的祷告对我十分有用，而我也的确希望能对听众有帮助。这样的祷告使我谦卑地体会到自己只不过是一个传达某些信息的演讲员，而不是要显露自己的学问或风采。我的目的是要带给听众一些鼓舞性的思想，以期对他们的生活有助益。

好莱坞的J.艾伦·布恩是著名的喜剧片《狗明星"强心"》的主演，他在观察"强心"表演的过程中学到了不少东西，因而他又为此写了一本名叫《给"强心"的信》的畅销书。据布恩先生介绍，这是一只很了不起的狗，总是欣然地执行他的命令，在电影中表演为剧情所需的各种动作。难得的是它这么做，从来不是为了得到报酬，而是出于爱和享受把事情做好而带来的快乐。有好几次，"强心"都纯粹是为了自身的乐趣而表演。这也许正是它能成为电影明星的原因。

布恩先生还曾谈到有一次他面对一个跳舞的年轻女孩。她第一次试跳的时候，紧张得像新娘出嫁，怕自己会失败！于是他安慰她："不要在乎结果，只当是纯粹为了享受跳舞的乐趣而跳，为了上帝而跳吧。"

很快地，她的心态来了个彻底的转变。

同理，获得友谊的全部秘诀也在于不要担心结果，不要在意别人是否会喜欢我们，现在就着手去做所有能激发爱和友情的事。在这方面，威廉·奥斯勒爵士的话很值得我们思索，他说："我们应该做的不是张望缥缈的未来，而是脚踏实地做好眼前的事。"

现实的情形是：

当我们还是处在做梦年龄的时候，常常梦想有朝一日要写出最伟大的小说来。想象别人是如何欣赏那本书，如何听到掌声，如何得到那永远的荣耀。想象自己要穿什么样的衣服，所到之处，别人是如何赞美、追求、不断引用自己讲过的话。我们想了许许多多，就是从来不曾想过可能会遭到的困难，或是那些沉闷辛苦的工作，那些在创作过程中所要流出的泪和汗。我们想的都是有关荣耀的报偿，而不是如何努力去赢得这份荣耀。

像这种幼年时期的稚气行为，可以说是典型的"一颗寂寞的心灵想要得到友谊"，或是"想要与他人建立良好关系"的心理表现。只是，我们把次序弄错了——我们是希望别人先来喜欢我们，却不曾想到要如何才能让人喜欢。

管住自己的舌头

◇你如果没有好话可说,那就什么也别说。

◇要记住,不愉快的时刻迟早会过去,如果我们的舌头没有闯祸,就不会留下需要医治的创伤。

大卫的父母离婚后,协议规定他和母亲一起生活。由于手头拮据,母子二人只好搬到另一个城市去。于是大卫也要到一所新的学校去上课,结交新的朋友。这种种变化叫他伤透了心。他开始对那些父母没有离婚的孩子感到反感,而且经常因为很小的缘故或无缘无故跟人打架。在这种痛苦的生活中,他养成了对人过分苛求的习惯。他几乎对谁都没有一句好话。

一天,有个对大卫的情况十分了解的同学走到他身边。"我父母也离婚啦。"他轻声地说,"我知道你心里难受。不过,你得抛弃你的怒气和痛苦。你跟别人过不去,这只能伤害你自己。要是你没法说点儿什么好话,那你最好什么也别说。"

由于痛苦,大卫最初的确很难接受这位同学的建议,但既然情况似乎变得越来越糟,他就对自己的谈吐变得比较谨慎了。他经常把马上就要冲口而出的话咽回去;若是在以前,他的这些伤害人、挖苦人的话简直是没遮没拦的。他开始意识到他从前对身边同学的关心是多么不够。随着理解的扩大,他开始明白，像他一样遭受家庭变故的不只他一个人，许多其他孩子也经历过令人难堪的家庭解体。大卫开始想办法去鼓励他们，帮助他们处理好自己的痛苦与茫然。到学期结束时，大卫的态度发生了180度的根本转变，并获得了那些当初由于他管不住自己的脾气而与他疏远了的同学的好感。

我们无论是谁，在家里、学校里或工作中，都可能经历过精神上受到压抑的情形。当事情进展不顺利时，我们就往往忍不住责怪别人，我们或许认为，找别人的错，能使我们对自己所处的状况觉得好受点儿。但也可能是这样想的：我不好过，你也别想好过。

在我们每个人都曾经历过的"沮丧"时刻里，如果我们不能对人说有益的好话，那我们最好什么也别说。破坏性的语言，往往会产生破坏性的结果。除了会给周围的人造成不必要的痛苦之外，从我们口中说出的那些消极性的话语往往只会使问题变得复杂起来。

在生活中遇到了难于应付的挑战，我们就可能认为，说些粗野和伤人的话是有道理的。上文提到的那个父母离了婚的孩子，受着许许多多他无法理解、无法解决的感情

和情绪的折磨。但他终于还是发现，贬低和伤害他人并不是解决问题的办法。通过客气和富于理解的言辞，或干脆怀着同情听别人说话，他终于学会了帮助他人；反过来，他又受到了周遭人们的帮助，而他终于在自己身上找回了生活的勇气。

当我们遇到灾难或烦心的事儿，倘若我们还记着应与面前的事物保持一定距离，直至能够看清与之相联系的背景为止；倘若我们学会了"管住自己的舌头"，那么，我们也许就能避免说出许多具有破坏性的话。在生活的各个方面，倘若人们背着沉重的思想包袱，这对他们自己和其他人，都会产生致命的影响，因为这些思想问题所强调的是否定的而不是积极的方面。因此，重要的是我们要懂得，创造性的思想产生于不断寻找答案的过程中。

有句久经时间考验的名言："你如果没有好话可说，那就什么也别说。"这实在是你在一天之中该说些什么话的座右铭。每个人都有不顺心的时候。当你感到情绪有些不对头时，千万别发作，以免伤害别人，因为别人也同样需要听到一些表示理解和支持的话。对自己要说出的话，要时刻保持警惕。要记住，不愉快的时刻迟早会过去，如果我们的舌头没有闯祸，就不会留下需要医治的创伤。

扩大交际范围

◇善于交际的人，总是在不停地扩大自己的交际范围。

◇定期举办的各种活动可为其成员提供充分的交往机会，所以，不要放弃你感兴趣的任何团体。

善于交际的人，总是在不停地扩大自己的交际范围，认识一个新的朋友，等于进入他的世界，从而又认识一批人，不断地产生倍数效应。我经常鼓励我的学员这样做，并给了他们相应的一些建议：

1. 广泛参加各种团体活动

对于参加联谊会、集训、研讨会或志趣相同者的夏令营、冬令营等活动，都是许多人在一起的集体活动，即便你兴趣不浓也还是积极参加为好。

因为，此类活动所创造的交际机会是非常多的。如果你总是说"乱哄哄的有什么意思"之类的拒绝之词，那么以后就不会有人再邀请你了。

各类社团组织、学术团体聚集着各种人才，大家志趣、爱好相投，有共同语言，可以相互切磋技艺，研究学问。定期举办的各种活动可为其成员提供充分的交往机会,所以不要放弃你感兴趣的任何团体。

2. 好好利用与人合作的机遇

与人合作的过程也是交友的过程,为扩大交际范围提供了良好的机遇,因为共同的事业是寻觅知心朋友的前提条件。

不可错过与人合作的项目,而且要积极寻找共同完成的事业,才可广交朋友。

3. 培养自己的好奇心

爱好、兴趣广泛的人,易于同各种人交朋友。一个人如果会打桥牌、跳舞、游泳、滑冰、打球、下棋等,爱好一多,与大家"凑趣"的机会就多,结交朋友的机会也就多了。

即使自己并不擅长某一方面,但若表现出浓厚的兴趣,博得对方的欢心,肯定了他的特点,也能引发共鸣。

抱有好奇心,集体活动时,不管谁邀请都一起活动。自己感兴趣的要去,不感兴趣的也要去,不管男性和女性都要兴致勃勃地活动。只有这样才能让人感受你的魅力,并让人感受快乐的气氛。当大家聚到一起时,不要忘了这一点。

此外,要关心各种问题。常关心大家所关心的事,特别是关心你结交的人们所感兴趣的事情。

4. 不要让性格差异成为障碍

常言说,物以类聚,人以群分。志趣相投的人容易接近,反之,则容易疏远。但要记住,社交与选择朋友不完全是一回事。因此，在社交过程中，不要用选择朋友甚至是知心朋友的条件来作标准，凡是志趣不符、性格不合的人一概拒之门外。

在社交中认识的新朋友应是与你有较大差别的人才好。朋友之间在知识结构、兴趣爱好、生活经历、气质性格等方面存在差别，有助于双方广泛地了解形形色色的社会生活层面。新朋友的见解即使与你大相径庭、迥然不同，也是一大幸事，这可以补充、丰富你的思想。

5. 积极参加集体活动

有些人不喜欢参加集体活动，这些人老埋怨自己没有朋友，实际就是缺少热情。无论大家做什么，需要多少时间，就知道做自己喜欢的事情，绝不与大家一起干。什么都是自己决定，自己能领会的才想做，像这样的个性很强的人是很难交到朋友的。

该告别时就告别

◇聪明的人晓得如何利用时机提出告别，他们的告别往往会给对方留下深刻的印象，同时又达到交际的目的。

◇即使是关系较好的朋友，也要控制好交谈的时间，要为对方考虑，掌握好告别的时间。

以前参加我课程训练班的学员詹姆斯感到自己学到的东西

还不够用，就又一次进了我的课程训练班，要求再进行学习。我对他表示欢迎之后，问他："你认为自己目前最大的问题是什么？"

詹姆斯老老实实地回答："说实在的，我自己也不知道。从你那儿我确实学会了热忱、自信、勇气以及如何赞扬别人……这一切都使我获益匪浅。"

我也奇怪了，就继续问他："你一定赢得了许多朋友吧？""是的，确实如此，但朋友们往往不欢迎我第二次上他们家做客。"

"这是为什么呢？""我不知道。"詹姆斯接着往下说，没想到他从朋友的性格一直说到阿拉斯加的天气、风土人情……口若悬河地讲了近3个小时。

我早已满脸倦意，不过这下我可知道詹姆斯的朋友不欢迎

他的原因了。詹姆斯太健谈了，毫无休止，根本不懂告别的艺术，于是我打断詹姆斯的话，说："詹姆斯先生，我已经明白你的朋友不欢迎你的原因了。""噢，那太好了，你赶快教教我吧。"詹姆斯兴奋地叫道。

我不忍当场说出他的缺点，使他没面子，就婉转地说："明天你来上培训课吧，看看其他学员怎么做，你就会明白的。"

詹姆斯急切地问道："你能今天就告诉我吗？我实在是太想知道了。"我微笑着劝道："不要着急，明天知道对你有好处，反正也不在乎一天半天的了。"

詹姆斯见我把话说到这个份上，只好恋恋不舍地戴好帽子，遗憾地说："哎，要等到明天才能知道。"

第二天，詹姆斯来到班上。我给学员们布置任务，让他们训练说话的艺术，互相赞美对方。詹姆斯见我一直没有说他的事，就有点坐不住了。但我微笑着示意他不要动。他只好耐着性子在那儿看其他学员们练习。

下课的时间到了，有些学员站起来向我告别，有些学员仍留在教室里：其中有一位女学员走过来问一个问题。我仔细地倾听着，一边给那位学员作解释，我已经把她当成屋子里最重要的人了。

女学员离去后，又有几位学员过来把我围住向我请教问题。我一一作了简明扼要的回答，给他们留下很深的印象。

詹姆斯实在熬不住了，就走过来对我说："您可以告诉我我的问题了吧？"我说："你的谈话很有魅力，充满了艺术性，是个很容易赢得他人喜欢的人。"詹姆斯听了这话，非常高兴。我继续赞扬地说："你充分运用了热忱和勇气的原理，并且极其富有绅士风度，令所有人都对你着迷。"詹姆斯被我说糊涂了，忙不迭地问道："那我的问题究竟出在哪儿？"我慢悠悠地说："难道你刚才没有注意到那些学员是如何向我告别的吗？""没有。""这正是你的缺点所在，你从不观察别人是如何地告别，你不懂告别的艺术。""难道问题在这里？"詹姆斯若有所思地说。

我这才向他谈到，聪明的人晓得如何用时机提出告别，他们的告别往往会给对方留下深刻的印象，同时达到交际的目的，并详详细细地讲述了告别的艺术。詹姆斯虚心地听着，心里越来越认识到自己的问题所在。詹姆斯后来成为一名受人欢迎的社交家。

由此可见，掌握告别的技巧在你的交际中意义重大。

首先和友人谈话，要注意把握时间。拜访一般朋友，时间不宜超过半个小时，如果有重要的事，那就应该另约个时间作一次长谈。拜访老相识，如果对方有空，不妨多坐会儿，但也要切忌不能把一件事反反复复地说了一遍又一遍，那样会让人觉得讨厌。

即使是关系较好的朋友，也要控制好交谈的时间，要为对方考虑，掌握好告别的时间，以免影响他人的生活、工作，日久必会令人厌烦，而不愿继续交往。

另外，可以在谈兴正浓的时候告别，这会令对方留下深刻的印象，这无疑是一种明智的交际手段。

第三章
完美交际的 8 项法则

结识良友

◇一个人不论有多少学识，不论有多大成就，假如不能同别人一起生活、一起互相往来，不能培养对他人的丰富的同情心，不能对别人的事情产生一点兴趣，不能辅助别人，也不能与他人分担痛苦、分享快乐，那他的生命必将孤独、冷酷，毫无人生的乐趣。

◇那些不管在何种环境下都能与任何人交上朋友，建立起真挚友谊的人，朋友对他生存竞争的帮助、对事业发展的巨大价值往往是无可估量的。

◇结交卓越的人士，便能见贤思齐；反之，若结交程度远逊于自己的朋友，则难免同流合污。

我们社会中有许多因为朋友力量而成功的人，假如能把他们的成功过程一一进行研究，是一件很有意义的事情。一位作家说过这样的话："现代社会人们完全靠一个规模庞大的信用组织在维持着，而这个信用组织的基础却是建立在对人格的互相尊重之上，任谁也无法单枪匹马在社会的竞技场上赢得胜利，获得成功。"

为什么我们喜欢结交朋友呢？有些心理学家认为，朋友之间能互相取长补短，因为朋友之间能互相照顾，即使像帮对方从头发里拨出一只虫子这种小举动，也是互相关心与体贴的表现。确实，复杂、微妙却美好的人群关系是很难以简单数语解释清楚，但千万不要忽略了其中一个因素：满足。为什么别人能吸引你呢？因为他们可供给你快乐的源头。如果想在二人所形成的人群关系中发觉每样事物都尽合心意是不太可能的，但一个成功的相处关系必定存在着某种程度的互相满意。朋友扩大了你的生活范围与见闻，并且协助你探索这世界，引领你接近更多的想法及大自然的源头。就像一位朋友邀请你到他的私人俱乐部打网球，或是将全套的露营用具慷慨借给你，或是告诉你一些好玩的游戏，介绍你读些好书，或是带你到能以低价买到好酒及漂亮衣服的地方——也许他有些你能利用的技能或知识，也许他能教你一些做生意的窍门或是帮助你替孩子选择一所优秀的学校。

关于友谊，爱默生说过一句最经典的话："一个真挚的朋友胜于无数个狐朋狗友。"确实,除自己的力量之外,再也没有别的力量能像真挚的朋友一样,帮助你去实现成功了。一个思想与我接近、理解我的志趣、了解我的优势和弱点、能鼓励我全力以赴地干每一件正当的事、能消除我做任何坏事的不良意念的好友,不知道会增加我多少的能量、多少的勇气,他们常常能使我禁不住下更大的决心——不达成功决不罢休。

那些不管在何种环境下都能与任何人交上朋友、建立起真挚友谊的人,朋友对他生存竞争的帮助、对他事业发展的巨大价值往往是无可估量的。

有一次,英国伦敦的一家报社悬赏征文对"朋友"一词的诠释,其中一个参赛者送去的解释是:"当所有人都离我而去时,仍然在我身边的那个人。"这个解释虽然不够严格,可谁还能说出一个更好的呢?

当一个商人经济上遇到困难,或遇到出人意料的重大变故,或遇到别的不幸,正当万分焦急、手足无措时,突然有位朋友过来帮助他、支持他,从而力挽狂澜,让那位商人有了喘息之机,得以重新振作,这样的朋友是多么感人、多么宝贵啊!

结交朋友是一件非常重要的事情,绝不是随便玩玩就可以了,可大多数人并没有认识到这一点。

一次,有一个人带着满腔热忱和喜悦去看望他一个多年不见的老同学,不想那同学正忙着做他的生意,只不过冷冷淡淡地和他敷衍了10分钟。原来，那人有一条坚定不移的原则："生意第一，友谊第二。"这种人也许可以发一点小财，可是以牺牲友谊为代价，未免太不值得了。

一个见识过人、能力很强、很聪明，比他现在的朋友发展得更快的人，假如交不到什么新朋友，那么他不管目前有多高的收入，也不能说有真正的进步，因为"一个人是否成功，很大程度上取决于他择友是否成功"。

那么，我们怎样才能赢得让自己受益终生的友谊呢？

首先，应尽可能结交优于自己的人，并朝这一目标而努力。结交卓越的人士，便能见贤思齐；反之，若结交程度远逊于自己的朋友，自己难免同流合污。一如前面所述，人类往往是近朱者赤、近墨者黑。

当然，我这里所谓的"卓越的人士"大体上可区分为以下两大类型：一为立身于社会主导地位的人们；其次则是指那些有着特殊才华的人们，例如对社会有着杰出的贡献，才能突出，或是学识渊博的学者，才华洋溢的艺术家等。此种杰出绝非凭一个人的喜好所界定，而需经由社会上的认同方可获得。当然，其间或许有些例外。总之希望你能结识这些人才。

至于怎样与这些人结交，没有固定不变的办法，也许是厚着脸皮毛遂自荐，或是经由知名人士的大力引荐，当然也可以加入群英聚会的团体里去寻觅朋友。

其次，切莫仓促地一头栽进，使自己深陷其中，此为重要的交友之道。

几乎所有的年轻人，均渴望能和才华横溢的人物成为知交。总认为假使自己也小有才气，那更是如鱼得水。即使达不到此目的，也能满足自己与其共荣的心理。然而，即使是和这些才气纵横、魅力十足的人物交往，也不可不顾一切地全身心投入。不丧失判断力，才是最适当的交往方法。

最后，别亲近赞扬缺点的人们。

但是，我之所以要求你避免与品德低下的人交往，是因其往往会纵容你身上的缺点，甚至认为你的缺点是你的"个性"，从而让你不思进取，甚至喜欢上听好话而听不进别人的良言。

为了求取这种名实不符的赞扬，他们不惜与不如自己的人们结交。如此将导致何种结果呢？是的，不久你将变得与他们层次相当，从此再也不愿结交出色的朋友了。我愿不厌其烦地提醒你，人们往往会遭伙伴同化，不管这样做是使自己的层次提高了，或是降低了，其结果必然一样。你应该对交往的对象，仔细加以判断。

常用赞美

◇赞美就像浇在玫瑰上的水；赞美的话并不费力，却能成大事。我们要下决心对自己的亲人、朋友甚至每一个人加以赞美，并把它变成一种习惯。

◇说句好话轻而易举，只需要几秒钟，但它的功效却是巨大的，有些甚至能够让一个人受益终生。

◇爱、称赞、感谢都应该说出来，让对方知道。如果你认为只放在心里就行了，那就大错特错了。

我一直在想，为什么当我们要改变别人时，不用嘉许来代替斥责？即使是最小的进步，也让我们来赞美吧！这样会激励人们不断进步。

在《孩子，我并不完美，我只是真实的我》这本书里，著名心理学家杰丝·雷尔评论说："称赞对温暖人类的灵魂而言，就像阳光一样，没有它，我们就无法成长开花。但是我们大多数的人，只是敏于躲避别的冷言冷语，而我们自己却吝于把赞许的温暖阳光给予别人。"

有个故事是这么说的：

社区内新开设的店都装上自动门，可是附近有一家超级市场却没有装设。

在每天早晨和下午太太们纷纷去买东西的时候，有个小男孩常站在超级市场玻璃门外,看到手里大包小包拿了好多东西的太太们,就替她们拉开大门,让她们从容地走出来。

有一次,有位太太问那小男孩:"你看门看了这么多日子,一定得到了许多小费,你拿来做什么用?"

那小孩有点诧异地回答:"什么?她们都没有给我钱,可是她们都对我说:'你好棒!''谢谢你!'"

你也能在自己的能力之内,轻易地增加这个世界里的快乐。怎么做呢?就是对寂寞失意的人说几句真诚赞赏的话。或许,你明天就忘了今天所说的好话,但是听者却可能一生都珍惜着。

爱默生说:"让我们不再去想自己的成就和自己的需求。让我们试着去想别人的优点。然后忘却恭维,发出诚实、真心的赞赏。称许要真诚,赞美要慷慨,这样人们就会珍惜你的话,把它们视为珍宝,并且一辈子都重复它们——即使你已经遗忘以后,人们还重复着它们。"

经验告诉我们,几句恰到好处的赞美,之所以起到金石为开的作用,皆因他能找到各种典型人物不同的内心需要。

凯雷举了一个例子："有不少人，他们喜欢听相反的话；更有许多的人，喜欢别人把他们当作有思想、有理智的思想家。有一回，我与一个人讨论一件颇有争议的社会问题，我对他说：'因为你是这样的冷静、敏锐，因此我想知道，我们究竟应该站在什么立场？'他听了我的话，立刻现出满面春风的样子，并详细对我说了他对此事的立场态度。原来此人是愿意人家看他是敏锐、冷静的。"

有个客人在一家餐厅吃饭，他觉得菜做得很好，吃得津津有味，赞不绝口。

抬起头来，正好看见厨师经过，就顺口对厨师说："你这菜做得真好吃！"本来愁眉苦脸的厨师，听了这些话，顿时变得容光焕发、神采飞扬。

他说："哦！先生，听你这么说，我真的太高兴了！已经很久没有人称赞我的菜做得好了，谢谢您！"从此，那厨师就比以前更卖力。

由此我们可以发现，赞美和鼓励是引发一个人体内潜能的最佳方法。肯·布兰查德是《一分钟管理》的作者，他推荐大家使用"一分钟赞美"，"抓住人们恰好做对了事的一刹那"。你经常这么做，他们会觉得自己称职，工作有效率，以后他们很可能不断重复这些来博得赞美。

勿忘倾听

◇如果你希望成为一个善于谈话的人，先要做一个善于倾听的人，如李夫人说的："要使人对你感兴趣，你要先对人感兴趣。"

◇就人性的本质来看，我们每个人当然感受到最多的是自己。我们喜欢讲述自己的事情，喜欢听到与己有关的东西。你要使人喜欢你，那就做一个善于静听的人，鼓励别人多谈他们自己。

◇成功商业谈判的秘诀是什么？学者依利亚说："关于成功的商业交往，没什么秘诀……专心注意对你讲话的人极其重要，没有别的东西比那样更使人开心。"

我最近在纽约的一位出版商格利伯的宴会上遇见一位著名的植物学家。我从未同植物学家谈过话，我觉得他极有诱惑力。我坐在椅子上，静听他讲大麻、室内花园，以及关于卑贱的马铃薯的惊人事实，并且他还非常热情地解答了我的几种问题。

我已经说过，我们是在宴会中。当时还有十几位别的客人在那里。但我违反了所有礼节的定例，忽略了其他人，与这位植物学家谈了数小时之久。

到了午夜，与其他客人道别时，这位植物学家转向主人，极力恭维我,说我是"最富刺激性的"等等好话,最后他还说我是一个"最有趣的谈话家"。一个有趣的谈话家?我?啊,我差不多没有说什么话。如果不改题目,即使要说,也没的说,因为我对于植物学所知道的不会比对企鹅的解剖知识多。但我做到了一点:注意静听,因为我真正地对此产生了兴趣。他也觉察到了这一点,那自然使他欢喜。静听是我们对任何人的一种最好的恭维。

一次成功的商业会谈的秘诀是什么?注重实际的学者依利亚说:"关于成功的商业交往,没有什么神秘——把注意力集中到讲话的人身上。没有别的东西会如此使人开心。"其中的道理很明显,是不是?你无须在哈佛读上4年书才发觉这一点。但你我也知道,有的商人租用豪华的店面,陈设动人的橱窗,为广告花费成千上万元钱,然后却雇用一些不会静听他人讲话的店员,中止顾客谈话、反驳他们、激怒他们,甚至几乎要将客人驱出店门。

多年前,纽约电话公司成功感化过一个曾恶意咒骂接线员的客户。他甚至扬言要拆除电话,他拒绝支付他认为不合理的费用,他写信给报社,还向消费监督委员会屡屡投诉,致使电话公司引起数起诉讼。

公司中的一位经验丰富的"调解员"被派去访问这位暴躁的顾客。这位"调解员"静静地听着,并不

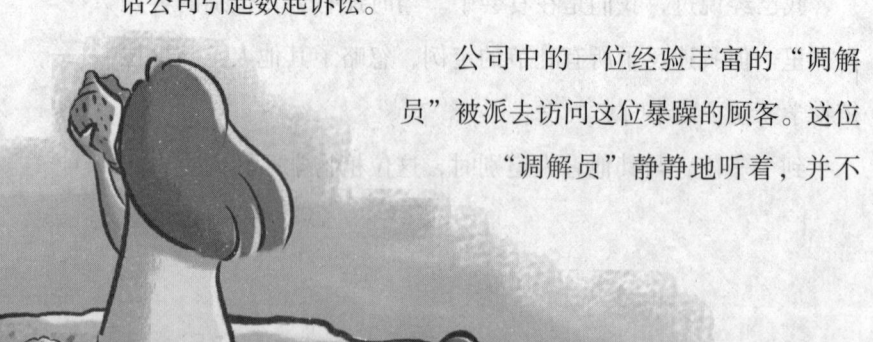

时对其表示同情,他只是想让这位好争论的老先生发泄他的满腹怨言。

"我在他那儿静听了几乎有3小时,"这位"调解员"讲述道,"以后我再到他那里,仍然耐心地听他发牢骚。我一共访问了他4次,在第四次访问结束以前,我已成为他正在创办的一个团体的会员,但据我所知,除这位老先生之外,我是这个团体地球上唯一的会员。

"在这几次访问中,我耐心倾听,并且同情他所说的每一点,我从未像电话公司其他人那样同他谈话。他的态度慢慢变得和善了。我要见他的真实目的,在每一次访问时都没有提到,在随后的两次也没有提到,但在第四次,我圆满地解决了这一事件,他终于把所有的欠账都付清了,同时他也撤销了向消费监督委员会提出的申诉。"

毫无疑问,这位先生自认为为正义而战,保障公众权利,不受无端的侵害。但实际上他需要的是自重感。他先经由挑剔抱怨别人或事物得到这种自重感,但在他从那位聪明的"调解员"那里得到自重感后,他的所谓的冤屈就销声匿迹了。

好几年前,有个贫穷的荷兰男孩,每天放学后都得到面包店去洗窗子,以贴补家用。他们新移民至此,家境十分困苦。所以除洗窗子之外,男孩还得每天提一个篮子到大街小巷去,捡取由货车上掉下来的煤屑,以拿回家当作燃料。男孩名叫爱德华·拔克,仅上过6年学,后来却成为美国有史以来最成功的杂志编辑之一。他怎么做到这点呢？说来话长，但简单地说，就是运用了我们现在所说的这些原则。

他13岁便离开学校，到西部联合公司去当小弟，并且一面自我教育。每天，他省下午餐费和车钱，步行到公司上班，等存够了钱之后，便买了一套《传记百科全书》。他熟读那些名人的生平，并且写信给他们，向他们询问一些问题或谈谈童年时期的事。他写信给加费尔德将军，问他童年时期是否在运河当过拖船工人，加费尔德将军也回答了他的问题。他又写信给葛兰特将军，问他有关一场战役的事，葛兰特将军不但画了一张地图给他，还邀请这个14岁的男孩到家里进餐，并足足谈了一个晚上。

没多久，这个西部联合公司的小弟，和愈来愈多的名人通了信。其中包括：拉尔伏·华尔多·爱默森、奥利弗·温戴尔·何姆斯、朗费罗、林肯夫人，等等。他不仅和这些名人通信，并且一旦有空，还特地去拜访这些杰出人物。这些经验对他的影响极大，使他对自己充满信心。因为，这些杰出男女不但开阔了他的视野，更激发了他求上进的企图心。而他能够做到这点，完全是因为我们在这里提到的这些原则。

倾听者虽然不开口说话，但聪明的倾听者往往积极地参与对话，当然这不容易做到。要做到善于倾听别人的谈话很重要的一点，就是要全心全意，而且要真心投入，其间还要不时地问一些问题，鼓励对方展开话题。机智、周到、不离题、简洁等是善于插话、引题者的特点。

其实,积极参与谈话的方式很多,绝不需要动不动就插嘴,以打断别人的讲话。方式虽然很多,但我们用不着招招纯熟。善于倾听的人经常应用的是几种自然轻松的方式,而其良好效果关键是要实际有用。

这些方式包括偶尔点点头,偶尔附和一两声。有些可以换个姿势或俯身向前,有时候微笑一下或挪一下手。目光的交流往往能显示出你是一位友好的人,因为这表示:"我在非常认真地听你说自己喜欢的事情。"

谈话中途停顿时,可以提出相关的问题,继续让他表现下去,让他有话可说、能说、想说。

最为关键的,并不是你到底应该采取哪一种倾听技巧,因为这绝不是一件机械化或一成不变的事。这些只是当你感觉很好时可以用的几个方式,它们会使跟你谈话的人变得更有兴致。当然,你完全可以根据自己的情况、具体的环境,采取更为有效的方法。

下次当你开始谈话的时候,就想着这一点:如果你要使人喜欢你,那就记住:善于倾听,会让你处处受人欢迎。

学会"纠错"

◇当面指责别人,这只会造成对方强烈的反抗;而巧妙地暗示对方注意自己的错误,则会受到欢迎。

乔治·史特尔有一次经过他的一家钢铁厂。当时是中午,他看到几个工人正在吸烟。而在他们头上正好有一块大告示牌,上面写着"禁止吸烟"。乔治·史特尔是否指着那块牌子说:"你们不识字吗?"哦,不,他才不会那么做。他朝那些人走过去,递给每人一根雪茄,说:"诸位,如果你们能到外面去吸这些雪茄,那我真是感激不尽。"他们立刻知道自己违犯了一项规则,而且他们很敬重他,因为他对这件事不说一句话,反而给他们每人一件小礼物,并使他们自觉很重要。很难不喜欢像他这样的人,你说是不是?

布莱恩·华纳梅克也使用了同一技巧。他每天都到费城他的大商店去巡视一遍。有一次他看见一名顾客站在台前等待,没有一个人对她稍加注意。那些售货员呢?哦,他们在柜台远处的另一头挤成一堆,彼此又说又笑。华纳梅克不说一句话,他默默站到柜台后面,亲自招呼那位女顾客,然后把货品交给售货员包装,接着他就走开。

官员们常被批评不接待民众。他们非常忙碌,但有时候,是由于助理们过度保护他的主管,为了不使主管见太多的访客，造成负担。卡尔·兰福特在狄斯耐世界所在地——佛罗里达州奥兰多市，当了许多年的市长。他时常告诫他的部属，要让民众来见他。他宣称施行"开门政策"。然而社区的民众来拜访他时，都被他的秘书和行政官员挡在门外了。

最后，这位市长找到了解决的办法。他把办公室的大门给拆了。他的助手们知道了这件事，于是从此之后，这位市长真正做到了"行政公开"。

若要不惹火人而改变他，只要换两个字，就会产生不同的结果。

很多人在开始批评之前，都先真诚地赞美对方，然后一定接一句"但是"，再开始批评。例如，要改变一个孩子不专心的态度，我们可能会这么说："约翰，我们真以你为荣，你这学期成绩进步了。但是假如你代数再努力点的话，就更好了。"

在这个例子里，约翰可能在听到"但是"之前，感觉很高兴；而听到"但是"之后，马上，他会怀疑这个赞许的可信度。对他而言，这个赞许只是批评他失败的一条设计好的引线而已。可信度遭受到曲解，我们也许无法达到我们要改变他学习态度的目标。

这个问题只要把"但是"改为"而且"，就能轻易地解决了。"我们真的以你为荣，约翰，这学期你的成绩进步了，而且只要你下学期继续用功，你的代数成绩就会比别人高了。"

这下，约翰就会接受这份赞许，因为没有什么失败的推论在后面跟着。我们已经间接地让他知道我们要他改的行为,更有希望的是,他会尽力地去达到我们的期望。

在后备军和正规军训练人员之间,最大不同的地方就是理发,后备军人认为他们是老百姓,因此非常痛恨把他们的头发剪短。

我有一个光棍朋友,年约40余岁,最近刚订婚。他的未婚妻一直怂恿他去学跳舞。这位朋友说道:"天知道我为什么应该去学跳舞。20年前,我第一次跳舞。当时的技术和现在一直都没什么两样。我的第一位老师讲的或许不假,她说,我的舞步全错了,必须从头学起。此话颇伤我的心,以致学舞的兴致完全消失无踪,我的学舞生涯也至此宣告结束。

"现在这位老师不知是不是哄我,但她讲的话我听了真喜欢。她说,我的舞步或许有点老式,但基本上都还不错,所以学些新舞步绝对没有问题。比较起来,第一位老师由于强调的是我不对的地方,以致让我失去学习的兴趣;第二位老师则正好相反,她一直称赞我的长处,对我的短处则尽量不提。她曾对我说:'你具有天生的节拍感,可说是天生的舞蹈家呢!'虽然,直到现在,我仍然感觉到自己并没有什么跳舞的细胞,技术也一直没什么进步。但在内心深处,我还是希望这位新老师所说的话'或许'没错,所以便继续付钱让她讲这些话。

"我知道,假如这位老师没有告诉我具有天生的节拍感,我可能会跳得更差劲。因为她的话鼓舞了我,也带给我希望,使我愿意尽力去求进步。"

告诉你的孩子、配偶或雇员,说他们在某些地方看起来很蠢、很笨、没有什么能力、完全做不好,等等,这会完全打消他们求进步的念头。但假如你采用相反的方法——让他们自由自在,让事情看起来容易做,让他们知道你对他们有信心,让他们觉得自己的潜力还没有完全发挥出来——那么,他们便会全力以赴,力图超越。

掌握话题

◇打动人心的最佳方式就是,跟他谈论他最珍视的事物。当你这么做时,不但受到欢迎,也会使生命获得扩展。

打动人心的最佳方式是,跟他谈论他最珍视的事物。当你这么做时,不但会受到欢迎,也会使生命获得扩展。

在耶鲁大学任教的威廉·费尔浦斯教授,是一个有名的散文家。他在散文集《人类的天性》当中写道:

"在我8岁的时候,有次到莉比姑妈家度周末。傍晚时分,有个中年人来访。他跟姑妈热络地寒暄过一阵之后,便把注意力转向我。那时，我正对船只很感兴趣，这位访客便滔滔不绝讲了许多有关船只的事，而且讲得十分生动有趣。等他离开之后，我仍意犹未尽，一直向姑妈提起他。姑妈告诉我，他在纽约当律师，根本不可能对船只感兴趣。'但是，他为什么一直跟我谈船只的事呢？'我问道。

"因为他是一个有风度的绅士。他看你对船只感兴趣，为了让你高兴并赢取你的好感，他当然要这么说了。"

威廉·费尔浦斯最后说道："我永远也不会忘记姑妈所说的话。"

以下还有另一个例子。

爱德华·夏立甫先生在童子军活动中十分活跃。他写了一封信给我，其中提到一段有趣的经历：

"有个盛大的童子军大会在欧洲举行，我很希望美国的一些大公司，能赞助我们的男孩前往参加。

"很幸运地，就在打算去拜访这位公司负责人之前，我听说这位先生曾开过一张100万元的支票，后来这张支票被注销，这位先生便把支票用镜框框起来。

"所以我见到这位先生之后，首先要求是否能看看那张支票——100万元的支票，我说我从没想过有人会开出100万元的支票，等我见过之后，一定要告诉孩子们我真的见过这样的一张支票。他很高兴地带我去看，我一面啧啧称赏，一面要求他把所有经过告诉我。

"没多久,这位先生突然问我:'咦,你今天来见我的目的是什么?'我便把来意说清楚。

"让我惊奇的是,这位先生不仅很爽快地答应了,还比我预期的支付更多。我本想只要求赞助一名男孩到欧洲去,他却答应赞助5个男孩和我一同去参加童子军大会。他给了我可以领取1000元信用金的信件,要我们在欧洲停留7个星期。他还写信给欧洲分公司的经理,要他们好好招待我们。最后并答应要在巴黎与我们会合,好带我们遍游那个美丽的城市。

"自此以后,他还提供了好几个工作机会给童子军的父母亲,并且一直热心参与童子军活动!

"所以我知道,要不是我发现了他的兴趣所在,抓住他的心,便不会那么简单就达到目的啊!"

尊重对方

◇与人相处有个极为重要的法则：时时让别人感到重要。遵从这一法则，至少不会为我们带来什么麻烦，还可以同时得到许多快乐和永恒的友谊。

◇假使我们真是这么自私、这么功利，向来都吝啬于给别人带去一点快乐，一旦没有从他人身上得到好处，就不会对他人表示一点赞赏或表达一点真诚的感谢；假设我们的灵魂比野生的酸苹果大不了多少，则我们的心灵会变得多么贫乏。

人类行为有一项重要的法则，如果你承认并遵循它，就能给自己带来快乐；如果你否认并背弃它，就会使自己因此陷入无止境的挫折中。这条法则就是："尊重他人，满足对方的自我成就感。"诚如杜威教授所说，人们都希望自己能受到别人的重视。我也曾一再强调，就是这种力量促使人类创造了自己的文明。

如果，你希望满足自己被人喜欢的愿望，那么就让我们自己首先来信守这条箴言：你希望别人怎么待你，你先怎么对待别人。

有一次，我在纽约的一个邮局里排队等候寄一封挂号信。那位负责收寄邮件的办事员显然对这份单调而机械的工作感到不耐烦，他们日复一日地称重、撕邮票、找零钱、写收据，这种单调、机械的工作有时的确会让人情绪失调。我对自己说：我可以让那位办事员喜欢我。而要让他喜欢，我显然必须说些关于他的好话。称赞眼前的这位职员似乎并不让我感到困难，我马上就找出了可以称赞的话题。

在他称我的信的重量时，我真诚地对他说："我真希望能有你这样的好头发。"他抬起头，吃惊地但马上脸上溢出了微笑："哦，它早已不像以前那么好啦！"他谦虚地回答。我告诉他，虽然它可能已没有原来的好，但仍然非常漂亮。他十分高兴，和我谈了一会儿，最后说道："许多人都说我的头发好看。"

我敢保证这位先生出去吃午饭的时候，一定满面春风，晚上回家的时候，一定会将此事告诉他的妻子，他会照着镜子对自己说："这头发多么好看！"

我在一次演讲的时候提起这件事，有人问我："你想从那人身上得到什么？"我想从那人身上得到什么？假使我们真是这么自私、这么功利，向来都吝啬于给别人带去一点快乐，一旦不能从他人身上得到好处，就不对他人表示一点赞赏或表达一点真诚的感谢，如此我们的心比野生的酸苹果好像大不了多少，我们的心灵会变得日益枯竭。

是的，我确实想从那个营业员身上得到一点东西。但那东西是无价的，而且我已经在真诚赞美的同时得到了。我得到了助人的快乐，这种感觉在多年之后，会永远闪烁在我记忆的天空。

　　与人相处有个极为重要的法则，这一法则就是：时时让别人感到重要。我们遵从这一法则，至少不会为我们惹来什么麻烦，还可以同时得到许多的快乐和永恒的友谊。如果我们无视这项法则，就难免在人际交往中出现障碍。哈佛著名心理学家威廉·詹姆斯说："人类本质中最殷切的需求是，渴望得到他人的重视。"我也曾一再指出，就是这种渴望使得人类和其他动物有了本质的区别。也正是因为有了这种渴望，才产生了丰富的人类文化。

　　所以，让我们诚实地遵循这一永恒的定律：你希望别人怎么对待自己，那你就应该怎么对待别人。如果你要问，我们应该什么时候去做、在什么地方去做，很简单，不论什么时候、不论什么地方。

换位思考

　　◇我们要对那些可怜的人表示惋惜，可怜他们，同情他们。要像高约翰看见街上摇摇晃晃、将要摔倒的醉汉时所常说的话："如果不是靠上帝的恩典，我也会同他一样走在街上。"

　　◇赢得友谊的关键就在于，从交往一开始你就说："我一点也不怪你有这样的看法。如果我是你，无疑也会和你一样。"如果你坚持这样说，就可以停止辩论，消除反感，创造出好感。

你有时会发现，对方可能完全错了，但他仍然不同意你正确的说法。在此情况下，不要一味指责他人，因为这是愚人的做法。你应该站在他的角度试着去了解他，而只有聪明、宽容的人才会以这样的明智态度这样做。

为什么对方会有那样的思想和行为？其中必有其内在原因。探寻出其中原因，你就等于得到了一把了解他人行动或人格的钥匙。而你要找到这把钥匙，就必须诚实地将自己放在他的地位上。在处理人际关系时，假如你常对自己说："如果我处在他当时的情景中，我将有什么感受、有什么反应？"这样你就可以省去许多烦恼。

多年来，作为消遣，我常常在离家不远的公园散步、骑马，像古代高尔人的传教士一样。我很喜欢橡树，所以每当我看见小橡树和灌木被不小心引起的火烧死，就非常痛心，这些火不是粗心的吸烟者引起，它们大多是那些到公园里体验土著人生活的游人引起的，他们在树下烹饪而烧着了树。火势有时候很猛，需要消防队才能扑灭。

在公园边上有一个布告牌警告说：凡引起火灾的人会受到罚款甚至拘禁。

但是这个布告竖在一个人迹罕至的地方，儿童很少能看到它。有一位骑马的警察负责保护公园,但他很不尽职,火仍然常常蔓延。

有一次,我跑到一个警察那里,告诉他有一个地方着火了,而且蔓延很快,我要求他通知消防队,他却冷淡地回答说,那不是他的事,因为不在他的管辖区域内。我急了,所以从那以后,当我骑马出去的时候,我担任自己委任的"单人委员会"的委员,保护公共场所。当我看见树下着火,我非常不高兴,经常急着做正义的事情却做错了事。最初,我警告那些小孩子,引火可能被拘禁,我用权威的口气,命令他们把火扑灭。如果他们拒绝,我就恫吓他们,要将他们送去警察局——我在发泄我的反感。

结果呢?儿童们当面服从了,满怀反感地服从了。在我消失在山后边时,他们重新点火、让火烧得更旺——希望把全部树木烧光。

很多年过去了,我希望自己多掌握一点人际关系的知识,用一点技巧,多从对方立场看事情。

于是我不再下命令,我骑马到火堆前,开始这样说:

"孩子们,很高兴吧?你们在做什么晚餐?……当我是一个小孩子时,我也喜欢生火玩,我现在也还喜欢。但你们知道在这个公园里,火是很危险的,我知道你们没有恶意,但别的孩子们就不同了,他们看见你们生火,他们也会生一大堆火,回家的时候也不扑灭,让火在干叶中蔓延,伤害了树木。如果我们再不小心，我们这儿就没有树了。因为生火，你们可能被拘下狱，我当然不愿意干涉你们的快乐，我喜欢看你们玩耍。请你们马上将树叶拨得离火远些，好不好？在你们离开以前，请你们小心用土将火盖起来，好不好？下次你们再玩时，请你们在那边沙堆上生火，好不好？那里不会有危险……多谢，孩子们，祝你们快乐！"

这种说法产生的效果有多大！

它让儿童们乐意合作，没有怨恨，没有反感。他们没有被强制服从命令，他们保全了面子。他们觉得好，我也觉得好。因为我考虑了他们的感受——他们要的是生火玩，而我达到了我的目的——不发生火灾，不毁坏树木。

"我情愿在与人会谈以前，一个人在办公室外的人行道上踱上两个小时，而不愿走进他的办公室，"哈佛大学商学院院长彼德说，"如果对于我说的，和他的回答（基于我对他的兴趣、动机的认识而想象到的）不是十分清楚的话。"

这样一句神奇的妙语，可以软化所有刁钻而老奸巨猾者，你完全可以真诚地说出这句话，因为假如你是对方，你也会产生同他一样的感觉。

要记住，出现在你面前的那些烦躁、固执、缺乏理智的人，他们之所以成为这样的人，其实他们也没有很大的过错。要对他们表示惋惜、体恤与同情。要像高约翰那样，当他看见街上摇摇欲跌的醉汉时，他常会说："如果不是上帝的恩赐，我也会同他一样走在街上。"

洛慈博士有段经典的语言:"人类普遍地追求同情。儿童迫切地显示他的伤痛,甚至故意割伤或打伤自己,以博取大人的同情。出于同样的目的,成人也会显示他们的伤痛,叙述他们的意外、疾病,特别是动手术开刀受苦的细节,为真实的或想象的不幸而感到'自怜',实际上,这也是人性的一个重要方面。"

所以,如果你要赢得别人的赞同,就要真诚地站在对方的角度看事情。

第四章

不露痕迹,改变他人

用赞誉作开场白

◇通常,在我们听到别人对我们的某些长处进行赞扬之后,再去听一些比较令人不痛快的批评,总是好受得多。

◇用赞扬的方式作为批评的开始,就好像牙医用麻醉剂一样,病人仍然要受钻牙之苦,但麻醉却能消除苦痛。

在柯立芝总统执政期间,他的一位朋友接受邀请,到白宫去度个周末。他偶然走进总统的私人办公室,听见柯立芝对他的一位秘书说:"你今天早上穿的这件衣服很漂亮,你真是一位迷人的年轻小姐。"

这可能是沉默寡言的柯立芝一生当中对一位秘书的最佳赞赏了。这来得太不寻常,太出乎意料之外了,因此那位女孩子满脸通红,不知所措。接着,柯立芝又说:"现在,不要太高兴了。我这么说,只是为了让你觉得舒服一点。从现在起,我希望你对标点符号能稍加小心一些。"

他的方法可能有点太过明显,但其心理策略则很有效。通常,在我们听到别人对我们的某些长处赞扬之后,再去听听一些比较令人不痛快的事,总是好受得多。

而麦金利远在1896年竞选总统时,就曾采用了这种方法。当时,共和党一位重要人士写了一篇竞选演说,以为写得比任何人都高明。于是,这位仁兄把他那篇不朽演说大声念给麦金利听。那篇演说有一些很不错的观点,但就是不行,很可能会惹起一阵批评狂潮。麦金利不愿使这人伤心。他不想抹杀这人的无比热忱,然而他却又必须说"不"。请注意,他把这件事处理得多巧妙。

"我的朋友,这是一篇很精彩而有力的演说,"麦金利说,"没有人能写得比你更好。在许多场合中,这些话说得完全正确,但在目前这特殊场合中,是否相当合适呢?从你的观点来看,这篇演说十分有力而切题,但我必须从党的观点来考虑它所带来的影响。现在你回家去,根据我的提示写一篇演说稿,并且送我一份副本。"

他真的照办了。麦金利替他改稿,并帮他

重写了第二篇演说稿。他后来终于成为竞选活动中最有力的一名演说者。

用赞扬的方式作为批评的开始，就好像牙医用麻醉剂一样，病人仍然要受钻牙之苦，但麻醉却能消除苦痛。

不要把意见硬塞给别人

◇没有人喜欢被迫购买或遵照命令行事。

◇如果你想赢得他人的合作，就要征询他的愿望、需要及想法，让他觉得是出于自愿。

你对于自己发现的思想，是不是比别人用银盘子盛着交到你手上的那些思想更有信心呢？如果是这样的话，那么，如果你要把自己的意见硬塞入别人的喉咙里，岂不是很差劲的做法吗？提出建议，然后让别人自己去想出结论，那样不是更聪明吗？

没有人喜欢觉得他是被强迫购买或遵照命令行事。我们宁愿觉得是出于自愿购买东西，或是按照我们自己的想法来做事。我们很高兴有人来探询我们的愿望、我们的需要，以及我们的想法。

当西奥多·罗斯福当选纽约州州长的时候,他完成了一项很不寻常的功绩。他一方面和政治领袖们保持很良好的关系,另一方面又强迫进行一些他们十分不高兴的改革。下面是他的做法。

当某一个重要职位空缺时,他就邀请所有的政治领袖推荐接任人选。"起初,"罗斯福说,"他们也许会提议一个很差劲的人,就是那种需要'照顾'的人。我就告诉他们,任命这样一个人不是好政策,大家也不会赞成。然后他们又把另一个人的名字提供给我,这一次是个老公务员,他只求一切平安,少有建树。我告诉他们,这个人无法达到大众的期望。接着我又请求他们,看看他们是否能找到一个显然很适合这职位的人选。

"他们第三次建议的人选,差不多可以,但还不太行。接着,我谢谢他们,请求他们再试一次,而他们第四次所推举的人就可以接受了;于是他们就提名一个我自己也会挑选的最佳人选。我对他们的协助表示感激,接着就任命那个人——我还把这项任命的功劳归之于他们……我告诉他们,我这样做是为了能使他们感到高兴,现在该轮到他们来使我高兴了。

"而他们真的使我高兴。他们以支持像'文职法案'和'特别税法案'这类全面性的改革方案,来使我高兴。"

记住,罗斯福尽可能地向其他人请教,并尊重他们的忠告。当罗斯福任命一个重要人选时,他让那些政治领袖们觉得,他们选出了适当的人选,完全是他们自己的主意。

爱德华·豪斯上校在威尔逊总统执政期间,在国内以及国际事务上有极大的影响力。威尔逊对豪斯上校的秘密咨询及意见依赖的程度，远超过对自己内阁的依赖。

豪斯上校利用什么方法来影响总统呢？很幸运地，我们知道这个答案。因为豪斯自己曾向亚瑟·D.何登·史密斯透露，而史密斯又在《星期五晚邮》的一篇文章中引述了豪斯的这段话。

"'认识总统之后，'豪斯说，'我发现，要改变他一项看法的最佳办法，就是把这件新观念很自然地建立在他的脑海中，使他发生兴趣——使他自己经常想到它。第一次这种方法奏效，纯粹是一项意外。有一次我到白宫拜访他，催促他执行一项政策，而他显然对这项政策不赞成。但几天以后，在餐桌上，我惊讶地听见他把我的建议当作他自己的意见说出来。'"

豪斯是否打断他说"这不是你的主意，这是我的"？哦，没有，豪斯不会那么做。他太老练了。他不愿追求荣誉，他只要成果。所以他让威尔逊继续认为那是他自己的想法。豪斯甚至更进一步，他使威尔逊获得这些建议的公开荣誉。

而且让我们记住，我们明天所要接触的人，就像威尔逊那样具有人性的弱点，因此，让我们使用豪斯的技巧吧。

说服人最好的办法是：让别人觉得办法是他想出来的。

"旁敲侧击"更使人信服

◇间接指出别人的错误,要比直接说出口来得温和,且不会引起别人的强烈反感。

◇为了不触犯对方的自尊心,即使发现了对方的错误,也不要立刻指出,而应采取间接的方式。

我们在批评别人时,常常会犯这样一个错误,就是当发现对方有明显的错误时,会不客气地批评对方说:"那是错的,任何人都会认为那是错的!"这样一来,对方的自尊心会受到伤害而突然陷入沉默,或挑剔你的言辞来拒绝你。

批评是我们常用的一种手段,但我们有些人批评起来简直让他人无地自容,下不了台阶。在生活和工作中,我们不可能没有批评,但要学会巧妙地批评,让他人既意识到自己的错误,并尽快改正,同时也理解你善意批评的意图,使他内心里对你心存感激。

不直接说出对方的错误,而是通过间接的方式让对方自己去发现并改正自己的错误;在禁止对方不要做某件事时,不使用直接禁止的语言,而是劝说对方做与之完全相反的事情。如果直接禁止对方只会招致反感,而采取不禁止,只是劝说对方做与之相反的事情的方法,却能收到良好的效果。

对那些对直接的批评会非常愤怒的人,间接地让他们去面对自己的错误，会有非常神奇的效果。罗得岛，温沙克的玛姬·杰各在我的课堂中提到，她如何使得一群懒惰的建筑工人，在帮她加盖房子之后清理干净。

最初几天，当雅格太太下班回家之后，发现满院子都是锯木屑子，她不想去跟工人们抗议，因为他们工程做得很好。所以等工人走了之后，她跟孩子们把这些碎木块捡起来，并整整齐齐地堆放在屋角。次日早晨，她把领班叫到旁边说："我很高兴昨天晚上草地上这么干净，又没有冒犯到邻居。"从那天起，工人每天都把木屑捡起来堆好在一边，领班也每天都来，看看草地的状况。

"帽子"的妙用

◇给他们一个好的名声来作为努力的方向,他们就会痛改前非,努力向上而不愿看到你的希望破灭。

◇给人一个超乎事实的美名,就像用"灰姑娘"故事里的仙棒,点在他身上,会使他从头至尾焕然一新。

假如一个好工人变成不负责任的工人,你会怎么做?你可以解雇他,但这并不能解决任何问题。你可以责骂那个工人,但这只能常常引起怨怒。

亨利·韩克,他是印地安纳州洛威一家卡车经销商的服务经理,他公司有一个工人,工作每况愈下。但亨利·韩克没有对他吼叫或威胁他,而是把他叫到办公室里,跟他坦诚地谈一谈。

他说:"比尔,你是一个很棒的技工。你在这条线上工作也有好几年了,你修的车子也都很令顾客满意。其实,有很多人都赞美你的功夫好。可是最近,你完成一件工作所需的时间却加长了,而且你的质量也比不上你以前的水准。你以前真是个杰出的技工,我想你一定知道,我对这种情况不太满意。也许我们可以一起来想个办法改正这个问题。"

比尔回答说他并不知道他没有尽好他的职责,并且向他的上司保证,他所接的工作并未超出他的专长之外,他以后一定会改进它。

他做了没有？你可以肯定他做了。他曾经是一个快速优秀的技工。有了韩克先生给他的那个美誉去努力，他怎么会做些不及过去的事。

包汀火车厂的董事长撒慕尔·华克莱说："假如你尊重一个人，一般人是容易诱导的，尤其是当你显示你尊重他是因为他有某种能力时。"

总之，你若要在某方面去改变一个人，就把他看成他已经有了这种杰出的特质。莎翁曾说："假如你没有一种德行，就假装你有吧！"更好的是，公开地假设或宣称他已有了你希望他有的那种德行。给他们一个好的名声来作为努力的方向，他们就会痛改前非、努力向上，而不愿看到你的希望破灭。

比尔·派克是佛罗里达州得透纳海滩一家食品公司的业务员，他对公司新系列的产品感到非常兴奋；但不幸的是，一家大食品市场的经理取消了产品陈列的机会，这令比尔很不高兴。他对这件事想了一整天，决定下午回家前再去试试。

他说："杰克，我今天早上走时，还没有让你真正了解我们最新系列的产品，假如你能给我些时间，我很想为你介绍我漏掉的几点。我非常敬重你有听人谈话的雅量，而且非常宽大，当事实需要你改变时你会改变你的决定。"

杰克能拒绝再听他谈话吗？在这个必须维持的美誉下，他是没办法这样做的。

保全对方的尊严

◇一句或两句体谅的话,可以减少对别人的伤害,保住他的尊严。

◇我没有权利去说、去做任何事以贬抑一个人的自尊。重要的并不是我觉得他怎么样,而是他觉得他自己如何,伤害他人的自尊是一种罪行。

通用电器公司在几年前面临一项需要慎重处理的工作:免除查尔斯·史坦恩梅兹的部门主管一职。史坦恩梅兹在电器方面是第一等的天才,但担任计算部门主管却彻底地失败,然而公司却不敢冒犯他。公司绝对解雇不了他,而他又十分敏感,于是他们给了他一个新头衔,他们让他担任通用电器公司顾问工程师。工作还是和以前一样,只是换了一项新头衔,并让其他人担任部门主管。

史坦恩梅兹十分高兴,通用公司的高级人员也很高兴。他们已温和地调动了他们这位最暴躁的大牌明星职员,而且他们这样做并没有引起一场大风暴——因为他们让他保住了他的尊严,让他有尊严!这是多么重要呀,而我们却很少有人想到这一点!我们残酷地抹杀了他人的感觉,又自以为是;我们在其他人面前批评一位小孩或员工,找差错、发出威胁,甚至不去考虑是否伤害到别人的自尊。然而,一两分钟的思考,一句或两句体谅的话，都可以减少对别人的伤害。

下面是会计师马歇尔·格兰格写给我的一封信的内容：

"开除员工并不是很有趣，被开除更是没趣。我们的工作是有季节性的，因此，在三月份，我们必须让许多人走。没有人乐于动斧头，这已成了我们这一行业的格言。因此，我们演变成一种习俗，尽可能快地把这件事处理掉，通常是这样说的：'请坐，史密斯先生，这一季已经过去了，我们似乎再也没有更多的工作交给你处理。当然，毕竟你也明白，你只是受雇在最忙的季节里帮忙而已。'等等。这些话给他们带来失望以及'受遗弃'的感觉。他们之中大多数一生都从事会计工作，对于这么快就抛弃他们的公司，当然不会怀有特别的爱心。

"我最近决定以稍微温和和体谅的方式，来遣散我们公司的多余人员。因此，我在仔细考虑他们每人在冬天里的工作表现之后，一一把他们叫进来，而我就说出下列的话：'史密斯先生，你的工作表现很好（如果他真是如此）。那次我们派你到纽华克去，真是一项很艰苦的任务。你遭遇了一些困难，但处理得很妥当，我们希望你知道，公司很以你为荣。你对这一行业懂得很多，不管你到哪里工作，都会有很光明远大的前途。公司对你有信心，支持你，我们希望你不要忘记！'

"结果呢？他们走后，对于自己的被解雇感觉好多了。他们不会觉得'受遗弃'。他们知道，如果我们有工作给他们的话，我们会把他们留下来。而当我们再度需要他们时，他们将带着深厚的私人感情,再来报效我们。"

传奇性的法国飞行先锋、作家安托安娜·德·圣苏荷依写过:"我没有权利去做或说任何事以贬抑一个人的自尊。重要的并不是我觉得他怎么样,而是他觉得他自己如何,伤害他人的自尊是一种罪行。"

第五章

如何使交谈更愉快

十之八九,你赢不了争论

◇争论的结果不仅伤了和气,往往使对方更加坚持其主张。

◇你可能有理,但要想在争论中改变别人的主意,你所做的一切都是徒劳。

◇不论对方才智如何,都不可能靠辩论来改变他的想法。

在人际交往中,很容易出现双方观点、意见不一致的情况,怎样对待这种不一致,是检验一个人社交能力高低的重要尺度。善于交往的人应采取不争论的策略,可能有人认为这是缺乏原则性的表现,明明自己有看法,却有意隐蔽起来,这岂不是有点虚伪吗?

意见不一致的情况,具体表现很多,但不外乎两大类:

一类是与己无关的情况,比如几个人闲聊,某人说拿破仑是英国人,这当然是一个明显的错误,这时你可以讲究一点策略,暗地提醒一下,他若仍然坚持,你可默不作声,而不必大张旗鼓、针锋相对地跟他争论,因为争论的结果他必输无疑,何必在大庭广众之下让他丢面子呢?再说经过人家提醒,他必定心虚,回去后查查书或问问别人也不难解决,大可不必用争论的办法为他纠正错误。另一类则是与己有关的情况。这时候的不争论绝不是轻易放弃自己的意见。恰恰相反,是通过种种方法、策略让对方自动放弃他的意见,从而按自己的意见办,只不过这"种种方法、策略"决不包括争论的方法。因为争论的结果不仅伤了和气,往往使对方更加坚持其主张。我们的目的既然是让他放弃,为什么要通过争论反而令其更加坚持呢?这种情况在生活、工作中有不少例子。

我曾在伦敦学到一个极有价值的教训。

有一天晚上,我参加一次宴会。宴席中,坐在我右边的一位先生讲了一个故事,并引用了一句话,意思是"谋事在人,成事在天"。他说那句话出自《圣经》,我知道,他错了。为了表现出优越感,我很讨嫌地纠正他。他立刻反唇相讥:"什么?出自莎士比亚?不可能,绝对不可能!那句话出自《圣经》。"他自信确实如此!那位先生坐在右首,我的老朋友弗兰克·格蒙坐在左首,他研究莎士比亚的著作已有多年,于是,我俩都同意向他请教。格蒙说:"戴尔,这位先生没说错,《圣经》里有这句话。"

那晚回家路上,我对格蒙说:"弗兰克,你明明知道那句话出自莎士比亚。""是的,当然,"他回答,"哈姆雷特第五幕第二场。可是亲爱

的戴尔,我们是宴会上的客人,为什么要证明他错了?那样会使他喜欢你吗?为什么不给他留点面子?他并没问你的意见啊!他不需要你的意见,为什么要跟他抬杠?应该永远避免跟人家正面冲突。"

永远避免跟人家正面冲突。天底下只有一种能在争论中获胜的方式,那就是避免争论。避免争论,要像你避免响尾蛇和地震那样。

十之八九,争论的结果会使双方比以前更相信自己绝对正确。你赢不了争论。要是输了,当然你就输了;即使赢了,但实际上你还是输了。为什么?如果你的胜利,使对方的论点被攻击得千疮百孔,证明他一无是处,那又怎么样?你会扬扬自得,但他呢?他会自惭形秽,你伤了他的自尊,他会怨恨你的胜利。而且——"一个人即使口服,但心里并不服。"

潘恩互助人寿保险公司立了一项规矩:"不要争论!"

真正的推销精神不是争论,甚至最不露痕迹的争论也要不

得。人的意愿是不会因为争论而改变的。

几年前,有位爱尔兰人名叫欧·哈里,他受的教育不多,可是真爱抬杠。他当过人家的汽车司机。欧·哈里承认,他在口头上赢得了不少的辩论,但并没能赢得顾客。而欧·哈里现在是纽约怀德汽车公司的明星推销员。他是怎样成功的?这是他的说法:

"如果我现在走进顾客的办公室,而对方说:'什么?怀德卡车?不好!你要送我我都不要,我要的是何赛的卡车。'我会说:'老兄,何赛的货色的确不错,买他们的卡车绝对错不了,何赛的车是优良产品。'这样他就无话可说了,没有抬杠的余地。如果他说何赛的车子最好,我说没错,他只有住嘴了。他总不能在我同意他的看法后,还说一下午的'何赛车子最好'。我们接着不再谈何赛,而我就开始介绍怀德的优点。

"以前若是听到他那种话,我早就气得脸一阵红、一阵白了——我就会挑何赛的错,而我越挑剔别的车子不好,对方就越说它好。争辩越激烈,对方就越喜欢我竞争对手的产品。现在回忆起来,真不知道过去是怎么干推销的!以往我花了不少时间在抬杠上,现在我守口如瓶了,果然有效。"

正如明智的本杰明·富兰克林所说:"如果你老是抬杠、反驳,也许偶尔能获胜,但那只是空洞的胜利,因为你永远得不到对方的好感。"

因此,你自己要衡量一下,你是宁愿要一种字面上的、表面上的胜利,还是要别人对你的好感?你可能有理,但要想在争论中改变别人的主意,你所做的一切都是徒劳。

争取让对方说"是"

◇跟别人交谈的时候,不要以讨论不同意见作为开始,要以强调——而且不断强调双方都同意的事作为开始。

◇使对方在开始的时候就说"是的,是的",渐渐地,当你提出双方的分歧时,对方也会习惯性地说"是的"。

奥弗斯基教授在他的《影响人类的行为》一书中说:"一个否定的反应,是最不容易突破的障碍。当一个人说'不'时,他所有人格尊严,都要求他坚持到底。事后他也许觉得自己的'不'说错了,然而,他必须考虑到宝贵的自尊!既然说出了口,他就得坚持下去。因此,一开始就使对方采取肯定的态度而非否定的态度,是最为重要的!"

善于交际的人,都在一开始就力求得到对方的一些"是的"反应,这样就把对方心理导入肯定的方向。就好像一粒撞击的小球运动,从一个方向打击,它就偏向一方;要使它从反方向回来的话,则要花更大的力。

从生理反应上说,当一个人说"不",而本意也确实否定的时候,他的整个组织——内分泌、神经、肌肉——全部凝聚成一种抗拒的状态，通常可以看出身体产生了一种收缩，或准备收缩的状态。反过来，当一个人说"是"时，身体组织就呈现出前进、接受和开放的状态。因此，开始时我们越多地造成"是，是"的环境，就越容易使对方接受我们的想法。

这是一种非常简单的技巧——但是它却被许多人忽略了！在某些人看来，似乎人们只有在一开始就采取反对的态度，才能显示出他们的自尊感。因此，激进派的人一跟保守派的人碰到一块，就必然要愤怒起来！事实上，这又有什么好处呢？如果他只是希望得到一种快感，也许还可以原谅。但假如他要达成什么协议的话，那他就太愚蠢了。

正是这种使用"趋同"的方法，使得纽约市格林尼治储蓄银行的职员詹姆斯·艾伯森，挽回了一名青年主顾。

艾伯森先生说："那个人进来要开一个户头，我照例给他一些表格让他填。有些问题他心甘情愿地回答了，但有些他根本拒绝回答。在我研究为人处世技巧之前，我一定会对那个人说：如果拒绝对银行透露那些材料的话，我们就不让他开户。我很惭愧过去我就采取那种方式。当然，像那种断然的方法会使我觉得很痛快。我表现出谁才是老板，也表现出银行的规矩不容破坏。但那种态度，当然不能让一个进来开户头的人有一种受欢迎、受重视的感觉。

"我决定那天早上采用一下学到的技巧。我决定不谈论银行所要的，而谈论对方所要的。最重要的是，我决意在一开始就使他说'是，是'。因此，我不反对他。我对他说，他拒绝透露的那些资料并不是绝对必要的。

"'但是，'我接着说，'假如你把钱存在银行一直等到你去世，难道你不希望银行把这笔钱转移到你那依法有权继承的亲友那里吗？''哦，当然。'他回答道。

"我继续说：'你难道不认为，把你最亲近亲属的名字告诉我们是一种很好的方法吗？万一你去世了，我们就能准确而不耽搁地实现你的愿望。'他又说：'是的。'

"当他发现我们需要的那些资料不是为了我们而是为了他的时候，那位年轻人的态度软化下来——改变了！在离开银行之前，那位年轻人不但告诉我所有关于他自己的资料，而且在我的建议下，开了一个信托户头，指定他的母亲为受益人，同时还很乐意地回答所有关于他母亲的资料。"

西屋公司的推销员约瑟夫·阿立森也有类似的经验："在我的区域内有一个人，我们卖给了他几个发动机。如果这些发动机不出毛病的话，我深信他会填下一张几百个发动机的订单。这是我的期望。"阿立森向大家介绍道：

"我对我们公司的产品很有信心。3个星期之后，我再去见他

的时候，我兴致勃勃。但是，我的兴致并没有维持多久，因为那位总工程师对我说：'阿立森，我不能向你买其余的发动机了。'

"'为什么？'我惊讶地问，'为什么？''因为你的发动机太热了，我的手不能放上去。'

"我知道跟他争辩不会有什么好处。因此，我说：'嗯，听我说，史密斯先生，我百分之百地同意你。如果那些发动机太热了，你就不应该买。你的发动机热度不应该超过全国电器制造商公会所立下的标准，是吗？'他同意地说：'是的。'我已经得到我的第一个'是'。

"'电器制造公会的规定是：设计的发动机可以比室内温度高出华氏72度。对不对呢？''是的，'他同意，'的确是的，但你的发动机热多了。'

"我还是没有跟他争辩。我只是问：'厂房有多热呢？''呵，大约华氏75度。'他说。

"我回答道：'那么，如果厂房是75度，加上72度，总共就等于华氏147度。如果你把手放在华氏147度的热水塞门下面，是不是很烫手呢？'他又必须说'是的'。

"'那么，不把手放在发动机上面，不是一个好办法吗？'我提议说。'嗯，我想你说得不错。'他承认说。我们继续聊了一会儿。接着他叫他的秘书过来，为下月开了一张价值35万美元的订单。

"我花了很多钱，失去了好多生意，才知道跟人家争辩是划不来的，懂得了从别人的观点来看事情使他说'是的，是的'才更有收获和更有意思。"

被誉为世界上最卓越的口才家之一的苏格拉底，做了一件历史上只有少数人才能做到的事：他彻底地改变了人类的整个思潮。而现在，在他去世23个世纪后，这个方法依然如此行之有效。

他的整套方法，现在称为"苏格拉底妙法"，以得到"是，是"为根据。他所问的问题，都是对方所必须同意的。他不断地得到一个同意又一个同意，直到他拥有许多的"是，是"。他不断地发问，到最后，几乎在没有意识之下，使他的对手发现自己所得到的结论，恰恰是他在几分钟之前所坚决反对的。

以后当我们要自作聪明地对别人说他错了的时候，可不要忘了苏格拉底妙法，应提出一个温和的问题——一个会得到对方的"是，是"反应的问题。

鼓励对方多说

◇多数人使别人同意他们的观点时，总是费尽口舌，其实，这种人得不偿失，因为话说多了，既费精力，又可能稍有不慎，伤害到别人。

◇须知世界上多半是欢迎专门听人说话的人，很少欢迎爱说话的人。

多数人使别人同意他们的观点时，总是费尽口舌，其实，这种人得不偿失，因为话说多了，既费精力，又可能稍有不慎，伤害到别人；另外，他们无法从他人身上吸取更多的东西，当然问题不在于别人吝啬，而是他不给别人机会。让对方尽情地说话！他对自己的事业和自己的问题了解得比你多，所以向他提出问题吧，让他把一切都告诉你。

如果你不同意他的话，你也许很想打断他。不要那样做，那样做很危险。当他有许多话急着要说的时候，他不会理你的。因此，你要耐心地听着，抱着一种开阔的心胸，诚恳地鼓励他充分地说出自己的看法。

这种方式在商界会有所收获吗？我们来看看某个人被迫去尝试的例子：

几年前，美国的一家汽车制造公司正在洽购一年所需要的布匹。3家厂商已做好了样品，并都经那家汽车公司的高级职员检验过，而且发出通知说，在一个特定的日子，3家厂商的代表都有机会对合同提出最终的申请。

其中一家厂商的代表抵达的时候正患着严重的咽炎。"轮到我去会见那些高级职员的时候，"这位先生在训练班上叙述事情的经过时说，"我的嗓子已经哑了。几乎一点声音也发不出来。我站起来，努力要说话，但只能发出吱吱声。汽车公司的几位高级职员都围坐在一张桌边，这时，我只好在一张纸上写着：'诸位，我的嗓子哑了，说不出话来。'

"'我来替你说吧!'汽车公司的董事长说。于是,他展示我的样品,代替我称赞它们的优点。一场热烈的讨论展开了。讨论的是我那些样本的优点。而那位董事长,因为是代表我说话,在讨论的时候就站在我的一边。我听着他们的讨论,只是微笑、点头、做几个手势而已。这次特殊会议的结果,使我得到了合同,50万码的坐垫布匹,总值160万美元——我所得到的一笔最大的订单。

"事后我想,如果自己不是哑了嗓子,就不一定能这么顺利地得到这笔订单。这件事使我很偶然地发现,有的时候让对方来讲话,可能得到预料不到的收获。"

法国哲学家罗西法考说:"如果你要树敌,就表现得胜过你的朋友;但如果你要得到朋友,那就让你的朋友胜过你。"事实上,即使是朋友,也宁愿对我们谈论他们自己的成就而不愿听我们吹嘘自己的成就。

著名的记者麦克逊说:"不善于倾听,这是不受人欢迎的原因之一。一般的人,他们只注意自己应该怎样地说,绝不管人家。须知世界上多半是欢迎专门听人说话的人,很少欢迎爱说自己话的人。"这几句话是确确实实的。

假如有一个商店的售货员,拼命地称赞他的货物怎样好,而不给顾客说一句话的机会,那他未必就能做成这位顾客的生意。因为顾客认为你天花乱坠的说话,不过是一种生意经,决不会轻易相信而购买的。反过来,如果给顾客说话的机会,使他对货物有了批评的机会,你成为和他对此货物互相讨论的人员,你的生意就容易做了。因为上门的顾客,他早有选择和求疵的心理,他尽管把货物批评得不好,他选定了自然会掏出钱来购买的。你一味地只是夸耀自己的货物,或是对顾客的批评加以争辩,这无异于说顾客没有眼光,不识好货,不是对顾客一个极大的侮辱吗?他受了极大的侮辱,还会来买你的货物吗?所以,与其自己唠唠叨叨地多说废话,还不如爽爽快快,让人家去说话,反而会得到意想不到的效果。

你如果能够给人家有说话的机会,你就给人留下了一个好印象,以后,人家和你谈话决不会见你讨厌而避开了。

用耳朵来交谈

◇如果你想成为一个善于谈话的人,那就先做一个注意静听的人。

◇始终挑剔的人,甚至最激烈的批评者,常会在一个忍耐、同情的静听者面前被软化或者降服。

有一次,我在一个朋友的桥牌晚会上,与一位女士聊起天来。这位女士知道我刚从欧洲回来,于是就对我说:"啊,卡耐基先生,你去欧洲演讲,一定到过许多有趣的地方,欧洲有很多风景优美的地方,你讲给我听听好吗?要知道,我小时候就一直梦想着欧洲旅行,可是到现在我都不能如愿。"

我一听这位女士的开场白,就知道她是一位健谈的人。我知道,让一位健谈的人长久地听别人的长篇大论,心中一定憋着一口气,而且很快就对你的讲话失去兴趣。刚进晚会时我就听朋友介绍过她,知道她刚从南美的阿根廷回来。阿根廷的大草原景色秀丽,到那个国家去旅游的人都要去看看的,她肯定会有自己的一番感受。

于是我对那位女士说:"是的,欧洲有趣的地方可多了,风景优美的地方更不用说了。但是我很喜欢打猎,欧洲打猎的地方就只有一些山,很危险的。就是没有大草原,要是能在大草原上边骑马打猎,边欣赏秀丽的景色,那多惬意呀……"

"大草原，"那位女士马上打断我的话，兴奋地叫道，"我刚从南美阿根廷的大草原旅游回来，那真是一个有趣的地方，太好玩了！"

"真的吗？你一定过得很愉快吧。能不能给我讲一讲大草原上的风景和动物呢？我和你一样，也梦想到大草原去的。"

"当然可以，阿根廷的大草原可……"那位女士看到有了这么好的一个倾听者，当然不会放过这个机会，滔滔不绝地讲起了她在大草原的旅行经历。然后在我的引导下，她又讲了布宜诺斯艾利斯的风光和她沿途旅行的国家的风光，甚至到了最后，变成了她对自己这一生去过的美好地方的追忆。

我在一旁一直耐心地听着，不时微笑着点点头鼓励她继续讲下去。那位女士一直讲了足足有一个多小时，直到晚会结束，她才余意未了地对我说："卡耐基先生，下次见面我继续给你讲，还有很多很多呢！谢谢你让我度过了这样美好的一个夜晚。"

我在这一个小时中只说了几句话，然而，那位女士却向晚会的主人说："卡耐基真会讲话，他是一个很有意思的人，我非常愿意和他在一起。"

我知道，其实像她这样的人，并不想从别人那里听到讲些什么，她所需要的仅仅是一双认真聆听的耳朵。她想做的事只有一样：倾诉。她心里真想将自己所知道的一切全都讲出来，如果别人愿意听的话。

一次成功的商业会谈的秘诀是什么？注重实际的学者依利亚说："关于成功的商业交往，没有什么神秘——把注意力集中到讲话的人身上。没有别的东西会如此使人开心。"其中的道理很明显，是不是？你无须在哈佛读上4年书才发觉这一点。但你我也知道，有的商人租用豪华的店面，陈设橱窗动人，为广告花费千百元钱，然后却雇用一些不会静听他人讲话的店员，中止顾客谈话，反驳他们，激怒他们，甚至几乎要将客人驱出店门。

乌顿的经验可谓是极好的一例。他在我班中讲述过这么一个故事：

在近海的新泽西，他在一家百货商店买了一套衣服。这套衣服令人失望：上衣褪色，把他的衬衫领子都弄黑了。后来，他将这套衣服带回该店，找到卖给他衣服的店员，告诉他事情的情形。他想诉说此事的经过，但被店员打断了。"我们已经卖出了数千套这种衣服，"这位售货员反驳说，"你还是第一个来挑剔的人。"正在激烈辩论的时候，另外一个售货员加入了。"所有黑色衣服起初都褪一点颜色，"他说，"那是没有办法的，这种价钱的衣服就是如此，那是颜料的关系。"

"这时我简直气得起火，"乌顿先生讲述他的经过说，"第一个售货员怀疑我的诚实，第二个暗示我买了一件便宜货。我恼怒起来，正要骂他们，突然间经理踱了过来，他懂得他的职责。正是他使我的态度完全改变了。他将一个恼怒的人，变成了一位满意的顾客。他是如何做的？他采取了3个步骤：

"第一，他静听我从头至尾讲我的经过，不说一个字。第二，当我说完的时候，售货员们又开始要插话发表他们的意见，他站在我的观点与他们辩论。他不但指出我的领子是明显地被衣服所污染，并且坚持说，不能使人满意的东西，就不应由店里出售。第三，他承认他不知道毛病的原因，并率直地对我说：'你要我如何处理这套衣服呢？你说什么，我都可照办。'

"就在几分钟以前，我还预备要告诉他们留下那套可恶的衣服。但我现在回答说：'我只要你的建议，我要知道这种情形是暂时的，是否有什么办法解决。'他建议我这套衣服再试一个星期。'如果到那时仍不满意，'他应许说，'请您拿来换一套满意的。使您这样不方便，我们非常抱歉。'

"我满意地走出了这家商店。一星期后这衣服没有毛病。我对于那家商店的信任也就完全恢复了。"

3/4 的人渴望得到的

◇同情在中和酸性的狂暴感情上，有很大的化学价值。

明天，你所遇见的人中，有3/4的都渴望得到同情。给他们同情吧，他们将会爱你。

你想不想拥有一个神奇的短句，可以阻止争执，除去不良的感觉，创造良好意志，并能使他人注意倾听？

想？好极了。下面就是："我一点也不怪你有这种感觉。如果我是你，毫无疑问，我的想法也会跟你的一样。"

像这样的一段话，会使脾气最坏的老顽固软化下来，而且你说这话时，可以有百分之百的诚意，因为如果你真的是那个人，当然你的感觉就会完全和他一样。让我举例说明。以亚尔·卡朋为例。假设你拥有亚尔·卡朋的躯体、性情和思想，假设你拥有他的那些环境和经验，你就会和他完全一样——也会得到他那种下场。因为，就是这些事情——也只有这些事情——使他变成他那种面目。

你目前的一切，原因并不全在你——记住，那个令你觉得厌烦、心地狭窄、不可理喻的人，他那副样子，原因并不全在于他。为那个可怜的家伙难过吧。可怜他，同情他。你自己不妨默诵约翰·戈福看见一个喝醉的乞丐蹒跚地走在街道上时所说的这句话："若非上帝的恩典，我自己也会是那样子。"

明天，你所遇见的人中，有3/4都渴望得到同情。给他们同情吧，他们将会爱你。

我有一次在电台发表演说，讨论《小妇人》的作者路易莎·梅·奥尔科特。当然，我知道她住在马萨诸塞州的康科特，并在那儿写下她那本不朽的著作。但是，我竟未假思索地贸然说出我曾到新罕布什尔州的康科特，去凭吊她的故居。如果我只提到新罕布什尔州一次，可能还会得到谅解。但是，老天！真可叹！我竟然说了两次。无数的信件、电报、短函涌进我的办公室，像一群大黄蜂，在我这完全没有设防的头部绕着打转。多数是，愤慨不平，有一些则侮辱我。一位名叫卡洛妮亚·达姆的女士，她从小在马萨诸塞州的康科特长大，当时住在费城，她把冷酷的怒气全部发泄在我身上。如果我指称奥尔科特小姐是来自新几内亚的食人族，她大概也不会更生气了，因为她的怒气实在已达到极点。我一面读她的信，一面对自己说："感谢上帝，我并没有娶这个女人。"我真想写信告诉她，虽然我在地理上犯了一个错误，但她在普通礼节上犯了更大的错误，这将是我信上开头的两句话。于是我准备卷起袖子，把我真正的想法告诉她，但我没有那样做，我控制住自己。我明白，任何一位急躁的傻子，都会那么做——而大部分的傻子只会那么做。

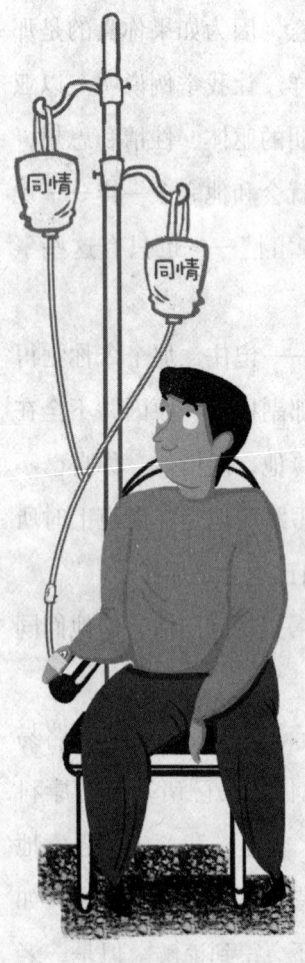

我要比傻瓜更高一等。因此我决定试着把她的敌意改变成善意。这将是一项挑战，一种我可以玩玩

的游戏。我对自己说:"毕竟,如果我是她,我的感受也可能跟她的一样。"于是,我决定同意她的观点。当我第二次到费城的时候,就打电话给她。我们谈话的内容大致如下:

我:某某太太,几个星期前你写了封信给我,我要在此向你道谢。

她:(声音听起来颇犀利,但讲究辞藻,颇有教养的样子。)请问是哪一位?

我:对你来说,我可能是个陌生人。我名叫戴尔·卡耐基,前不久在电台广播节目中谈及奥尔科特女士,我把她的故居地点说错了——说成新罕布什尔州的康科特,这错误实在太不可原谅。由于你花了时间写信给我,所以我觉得应该向你表示歉意。

她:很抱歉,卡耐基先生,是我不该写那样一封信给你,我才应该向你致歉。

我:不,不,该道歉的绝不是你,而是我。连小学生都知道我实在是讲错了。我曾在第二个星期的节目中更正道歉,现在则是亲自向你表示歉意。

她:我是在马萨诸塞州的康科特长大的。两个世纪以来,我们的家族一直在那个地方具有影响力,我也一直引以为荣。所以,当我听到你说奥尔科特女士是住在新罕布什尔州的时候,实在觉得很生气。但无论如何,我还是不应该写那样的信。

我:我十分了解你的心情,但我的心情比你更不好过。因为，我所造成的错误对马萨诸塞州并没有造成什么伤害，却对我本身造成极大损伤。我明了，若不是我犯了错误，像你这般对文化有认识的人，是不会花时间写信到电台去的。所以，我想告诉你的是，以后若再犯错，仍希望你继续写信来。

她：我很高兴你能接受我的批评，你一定是个极有修养的人，我应该早些认识你才是。

就是这样，由于我道歉在先，而且对她的观点表示同意，于是她也转而向我道歉，并表示同意我的观点。我很满意自己能控制住脾气，也很满意这种"以德报怨"的处理态度。

S.胡洛克可能是美国最佳的音乐经纪人。多年来，他一直跟艺术家有来往——像查理·亚宾、伊莎朵拉·邓肯，以及拔夫洛华这些世界闻名的艺术家。胡洛克先生告诉我，他和这些脾气暴躁的明星们接触，所学到的第一件事，就是必须同情，同情，对他们那种荒谬的怪癖更是需要同情。

他曾担任查理·亚宾的经理人3年之久——查理·亚宾是最伟大的男低音之一，曾风靡大都会歌剧院。然而，他却一直是个问题人物。他的行为像个被宠坏的小孩。以胡洛克先生的特别用语来说："他是个各方面都叫人头痛的家伙。"

例如，查理·亚宾会在他演唱的那天中午，打电话给胡洛克先生说："胡先生，我觉得很不舒服。我的喉咙像一块生的碎牛肉饼，今晚我不可能上台演唱了。"胡洛克先生是否立刻就和他吵了起来？哦，没有。他知道一个经纪人不能以这种方式对付艺术家。于是，他马上赶到查理·亚宾的旅馆，表现得十分同情。"多可怜呀，"他会很忧伤地说，"我可怜的朋友。当然，你不能演唱，我立刻就把这场演唱会取消。这只不过使你损失一二千美元而已，但跟你的名誉比较起来，根本算不了什么。"这时，查理·亚宾会叹一口气说："也许，你最好下午再过来一趟。5点钟的时候来吧，看看我那时候觉得怎么样。"

到了下午5点钟，胡洛克先生又赶到他的旅馆去，仍旧是一副十分同情的姿态。他会再度坚持取消演唱，查理·亚宾又会再度叹口气说："哦，也许你最好待会儿再来看看我，我那时候可能好一点了。"

到了7点30分，这位伟大的男低音答应登台演唱了。他要求胡洛克先生走上大都会的舞台，宣布查理·亚宾患了重伤风，嗓子不太好。胡洛克先生就撒谎说，他会照办，因为他知道，这是使这位伟大的男低音走上舞台的唯一方法。

亚瑟·盖茨在其《教育心理学》一书中说道："同情，是所有人类最渴望的东西。孩童会急着展示伤口给你看，甚至制造伤口或淤肿以获取大量的同情。成人也一样……展示青肿之处，讲述各种意外、疾病，尤其是外科手术的详细经过，还有对那些真实或虚构的不幸所发出的'自怜'，等等，可说是屡见不鲜。"

第六章

擦拭心灵，来一场忧虑的革命

科学对待：平均率帮你战胜忧虑

◇我们所担心的事，有99%根本就不会发生。

◇当我们怕被闪电打死、怕坐的火车翻车时，想一想发生的平均率，就会把我们笑死。

我从小生长在密苏里州的一个农场上。有一天，在帮母亲摘樱桃的时候，我开始哭了起来。我妈妈说："嘉里，你到底有什么好哭的啊？"我哽咽地回答道："我怕我会被活埋。"

那时候我心里充满了忧虑。暴风雨来的时候，我担心被闪电打死；日子不好过的时候，我担心东西不够吃；另外，我还怕死了之后会进地狱；我怕一个叫詹姆怀特的大男孩会割下我的两只大耳朵——像他威胁过我的那样。我忧虑，是因为怕女孩子在我脱帽向她们鞠躬的时候取笑我；我忧虑，是因为怕将来没一个女孩子肯嫁给我；我还为我们结婚之后我该对我太太说的第一句话是什么而操心。我想象我们会在一间乡下的教堂里结婚，会坐着一辆垂着流苏的马车回到农庄……可是在回农庄的路上，我怎么能够一直不停地跟她谈话呢？该怎么办？怎么办？我在犁田的时候，常常花几个钟点在想这些惊天动地的问题。

日子一年年地过去，我渐渐发现我所担心的事情里，有99%根本就不会发生。比方说，像我刚刚说过的，我以前很怕闪电。可是现在我知道，随便在哪一年，我被闪电击中的机会大概是1/35万。

我怕被活埋的恐惧，更是荒谬得很。我没有想到——在1000万人里可能只有一个人被活埋，可是我以前却曾经因为害怕这件事而哭过。

每8个人里就有一个人可能死于癌症，如果我一定要发愁的话，我就应该去为得癌症的事情发愁——而不应该去愁被闪电打死，或者遭到活埋。

事实上，我刚刚谈的都是我在童年和少年时所忧虑的事。而很多成年人的忧虑也几乎一样荒谬。我们可根据平均率评估我们的忧虑究竟值不值得。如此一来，我想你和我都能够把我们的忧虑消掉9/10了。

如果检查一下所谓的平均率，就常常会为我们所发现的事实而惊讶。

比方说，如果我知道在5年以内，就得打一场盖茨堡战役那样惨烈的仗，我一定会吓坏了。我一定会想尽办法去加保我的人寿险；我会写下遗嘱，把我所有的财物变卖一空。我会说："我大概没办法活着撑过这场战争，所以我最好痛痛快快地过剩下的这些年。"

但是事实上，根据平均率，在平时，50～55岁，每1000人里死去的人数，和盖茨堡战役里16万士兵中每1000人中平均阵亡的人数相同。

有一年夏天，我在加拿大洛基山区里弓湖的岸边碰见了何伯特·沙林吉夫妇。沙林吉太太是一个很平静、很沉着的女人，给我的印象是：她从来没有忧虑过。

有一天夜晚，我们坐在熊熊的炉火前，我问她是不是曾经因忧虑而烦恼过。

"烦恼？"她说，"我的生活都差点被忧虑毁了。在我学会征服忧虑之前，我在自作自受的苦难中生活了11个年头。那时候我脾气很坏、很急躁，生活在非常紧张的情绪之下。每个星期，我要从在圣马提奥的家搭公共汽车到旧金山去买东西。可是就算在买东西的时候，我也愁得要命——也许我又把电熨斗放在熨衣板上了；也许房子烧起来了；也许我的女用人跑了，丢下了孩子们；也许他们骑着他们的脚踏车出去，被汽车撞死了。我买东西的时候，常常因发愁而弄得冷汗直冒，冲出店去，搭上公共汽车回家，看看是不是一切都很好。难怪我的第一次婚姻没有结果。

"我的第二任丈夫是一个律师——一个很平静、事事都能够加以分析的人，从来没有为任何事情忧虑过。每次我神情紧张或焦虑的时候，他就会对我说：'不要慌，让我们好好地想一想……你真正担心的到底是什么呢？让我们看一看平均率，看看这种事情是不是有可能会发生。'

"举个例子来说，我还记得有一次，那是在新墨西哥州。我们从阿布库基开车到卡世白洞窟去，经过一条土路，在半路上碰到了一场很可怕的暴风雨。车子一直滑着，没办法控制。我想我们一定会滑到路边的沟里去，可是我的先生一直不停地对我说：'我现在开得很慢，不会出什么事的。即使车子滑进了沟里，根据平均率，我们也不会受伤。'他的镇定和信心使我平静下来。

"有一个夏天，我们到加拿大的洛基山区托昆谷去露营。有天晚上，我们的营帐扎在海拔7000英尺高的地方，突然遇到暴风雨，好像要把我们的帐篷吹成碎片。帐篷是用绳子绑在一个木制的平台上的，它在风里抖着，摇着，发出尖厉的声音。我每一分钟都在想：我们的帐篷会被吹跑的，吹到天上去。我当时真吓坏了，可是我先生不停地说着：'我说，亲爱的，我们有好几个印第安向导，这些人对一切都知道得很清楚。他们在这些山地里扎营，都扎了有60年了，这个营帐在这里也过了很多年，到现在还没有被吹跑。根据平均率来看，今晚上也不会被吹跑。而即使被吹跑的话，我们也可以躲到另外一个营帐里去，所以不要紧张。'……我放松了心情，结果那后半夜睡得非常熟。

"几年以前，小儿麻痹症横扫过加利福尼亚州我们所住的那一带。要是在以前，我一定会惊慌失措，可是我先生叫我保持镇定，我们尽可能采取了所有的预防方法：我们不让小孩子出入公共场所，暂时不去上学，不去看电影。在和卫生署联络过之后，我们发现，到目前为止，即使是在加州所发生过的最严重的一次小儿麻痹症流行时，整个加利福尼亚州只有1835个孩子染上了这种病。而平常，一般的数目只在200～300。虽然这些数字听起来还是很惨，可是到底让我们感觉到：根据平均率看起来，某一个孩子感染的机会实在是很小。

"'根据平均率，这种事情不会发生'，这一句话就消灭了我90％的忧虑，我过去20年来的生活，过得那样美好和平静，都是靠这一句话的力量。"

詹姆因为过度忧虑而得了胃溃疡，因此去看医生。医生告诉他说，他没有毛病，只是过于紧张罢了。"这时候我才明白，"他说，"我开始问我自己一些问题。我对自己说：'注意，詹姆·格兰特，这么多年来你批发过多少车的水果？'答案是：'大概有25000多车。'然后我问我自己：'这么多车里有多少出过车祸？'答案是：'噢——大概有5部吧。'然后我对我自己说,一共25000车,只有5车出事,你知道这是什么意思?比率是5000∶1。换句话说,根据平均率来看,以你过去的经验为基础,你车子出事的可能概率是5000∶1,那你还担心什么呢?'

"然后我对自己说:'嗯,桥说不定会塌下来。'然后我问我自己:'在过去,你究竟有多少车水果是因为塌桥而损失了呢?'答案是:'一车也没有。'然后我对我自己说:'那你为了一座根本没塌过的桥,为了5000∶1的火车失事的概率而让你忧愁成疾,不是太傻了吗?'

"当我这样来看这件事的时候,"詹姆·格兰特告诉我,"我觉得以前自己真的太傻。于是我就在那一刹那决定,以后让平均率来替我担忧——从那以后,我就没有再为我的'胃溃疡'烦恼过。"

平衡心理:平静让忧虑止步

◇学会对自己说:"这件事只值得我担一点点心,没有必要去操更多的心。"

◇获得心理平静的最大秘密之一,就是要有正确的价值观念。

你是否想知道如何在华尔街赚钱?恐怕至少有100万以上的人想知道这一点。如果我知道这个问题的答案,这本书恐怕就要卖1万美元一本了。不过,这里却有一个很好的想法,而且很多成功的人都加以应用。讲这个故事的人叫查尔斯·罗伯茨,一位投资顾问。

"我刚从得克萨斯州来到纽约的时候,身上只有两万美元,是我朋友托付我到股票市场上来投资用的。我原以为,我对股票市场懂得很多,可是后来我赔得一分钱不剩。不错!在某些生意上我赚了几笔,可结果全部都赔光了。

"要是我自己的钱都赔光了,我倒不会那么在乎!可是我觉得把我朋友们的钱赔光了,是一件很糟糕的事情,虽然他们都很有钱。在我们的投资得到这样一种不幸的结果之后,我实在很怕再见到他们,可是没有想到的是,他们不仅对这件事情看得很开,而且还乐观到不可救药的地步。

"我开始仔细研究自己犯过的错误,并下定决心在我再进股票市场以前,一定要先了解整个股票市场到底是怎么一回事。于是我找到一位最成功的预测专家波顿·卡瑟斯,跟他交上了朋友。我相信能从他那里学到很多东西,因为他多年来一直是个非常成功的人,而我知道能有这样一番事业的人,不可能全靠机遇和运气。

"他先问了我几个问题,问我以前是怎么做的。然后告诉我一个股票交易中最重要的原则。他说:'我在市场上所买的每一宗股票,都有一个到此为止、不能再赔的最低标准。比方说,我买的是每股50元的股票,我马上规定不能再赔的最低标准是45元钱。'这也就是说,万一股票跌价,跌到比买进价低5元的时候,就立刻卖出去,这样就可以把损失只限定在5元钱。

"'如果你当初买得很聪明的话,'这位大师继续说道,'你的赚头可能平均在10元、25元,甚至50元。因此,在把你的损失限定在5元以后,即使你半数以上的判断错误,也能让你赚很多的钱。'

"我马上学会了这一办法,从此便一直使用,这个办法替我的顾客和我挽回了不止几千几万块钱。

"过了一段时间之后,我发现,这个所谓'到此为止'的原则也可以用在股票市场以外的地方,我开始在财务以外的忧虑问题上订下'到此为止'的限制,我在每一种让我烦恼和不快的事情上,加一个'到此为止'的限制,结果简直是太不可思议了。

"举例来说,我常常和一个很不守时的朋友一起午餐。他以前总是在我的午餐时间过去大半之后才来,最后我告诉他我现在碰到问题就用'到此为止'的原则。我告诉他说:以后等你'到此为止'的限制是10分钟,要是你在10分钟以后才到的话,我们的午餐约会就算告吹了——你来也找不到我。"

各位,我真希望在很多很多年以前就学会了把这种"到此为止"的限制,用在化解我的缺乏耐心、我的脾气、我的自我适应的欲望、我的悔恨和所有精神与情感的压力上。为什么我以前没有想到要抓住每一个可能会摧毁我思想平静的情况呢?

为什么不会对自己说"这件事情只值得担这么一点点心——没必要去操更多的心"?

不过,我至少觉得自己在一件事上做得还不差,而且那是一次很严重的情况——是我生命中的一次危机——当时我几乎眼看着我的梦想、我对未来的计划,以及多年来的工作付诸流水。事情经过是这样的:

在我30岁刚出头的时候,我决定终生以写小说为职业,想做个弗兰克·瑞斯洛、杰克·伦敦或哈代第二。当时我充满了信心,在欧洲住了两年,在第一次世界大战结束后的那段日子里,用美元在欧洲生活,开销算是很小的。我在那儿过了两年,从事我的创作。我把那本书题名为《大风雪》,这个题目取得真好,因为所有出版家对它的态度都冷得像呼啸而来的大风雪一样。当我的经纪人告诉我这部作品不值一文,说我没有写小说的天分和才能的时候,我的心跳几乎停止了。我茫然地离开他的办公室,哪怕他用棒子当头敲我,也不会让我更感到吃惊，我简直是呆住了。我发现自己站在生命的十字路口，必须作出一个非常重大的决定。我该怎么办呢？我该往哪一个方向转呢？几个星期之后，我才从这种茫然中醒来。在当时，我从来没有听过"给你的忧虑订下'到此为止'的限制"的说法，可是现在回想起来，我当时所做的正是这件事。我把费尽心血写那本小说的那两年时间看作一次可贵的经验，然后从那里继续前进。我回到组织和教授成人教育班的老本行，有空的时候写一些传记和非小说类的书籍。

我是不是很高兴自己作出了这样的决定呢？现在每逢我想起那件事情，就得意地想在街上跳舞，我可以很诚实地说，从那以后，我再也没有哪一天或哪一个钟点后悔我没有成为哈代第二。

有一次，在美国南北战争中，林肯的几位朋友攻击他的一些敌人，林肯说："你们对私人恩怨的感觉比我要多，也许我这种感觉太少了吧；可是我向来以为这样很不值得。一个人实在没有时间把他的半辈子都花在争吵上，要是那个人不再攻击我，我就再也不会记他的仇。"

所以，要在忧虑摧毁你以前，先改掉忧虑的习惯。任何时候，我们想拿出钱来买的东西和生活比较起来不合算的话，让我们先停下来，问问自己下面的3个问题：

1.我现在正在担心的问题，到底和我自己有什么样的关系？

2.在这件令我忧虑的事情上，我应该在什么地方设定一个

"到此为止"的最低限度,然后把它整个忘掉?

3.我到底应该付这支"哨子"多少钱?我是否已经付出了超过它价值的钱呢?

正视现实:不要试图改变不可避免的事

◇事情既然如此,就不会另有他样。

◇我们所有迟早要学到的东西,就是必须接受和适应那些不可避免的事实。快乐之道无他——我们的意志力所不及的事情,不要去忧虑。

◇正如杨柳承受风雨、水适于一切容器一样,我们也要承受一切不可逆转的事实,对那些必然之事主动而轻快地承受。

人生之路充满了许多未知未卜的因素,这些因素大致可以分为两类,一类是可变的,我们可以通过自身的努力,或改变一定的条件使之转化;另一类是无法改变的,无论我们付出何种努力,都无法改变这一不可避免的现实。因此,当我们面对后者时,就得认定事实,作出积极乐观的反应,这才是一种可取的态度。

在漫长的岁月中,你我一定会碰到一些令人不快的情况,它们既是这样,就不可能是他样。我们也可以有所选择。我们可以把它们当作一种不可避免的情况加以接受，并且适应它，或者我们可以用忧虑来毁了我们的生活，甚至最后可能会弄得精神崩溃。

下面是我最喜欢的心理学家、哲学家威廉·詹姆斯所提出的忠告：

要乐于接受必然发生的情况，接受所发生的事实，是克服随之而来的任何不幸的第一步。

住在俄勒冈州波特壮的伊丽莎白·康奈莉，却经过很多困难才学到这一点。下面是一封她最近写给我的信：

"陆军在北非获胜的那一天，我接到国防部的一封电报，我的侄儿——我最爱的人——在战场上阵亡了。

"我悲伤得无以复加。以前，我一直觉得活着真好，我有一份自己喜欢的工作，努力带大了这个侄儿。在我看来，他代表了年轻人美好的一切……然而这封电报，把我的整个世界都粉碎了，觉得活下去没有什么意义。我悲伤过度，决定放弃工作，离开家乡，把自己藏在眼泪和悔恨之中。

"就在我清理我的桌子，准备辞职的时候，我突然翻到几年前我母亲去世的时候，侄儿写给我的一封信。'当然我们都会想念她的，'那封信上说，'尤其是你。不过我知道你会撑过去的。我永远也不会忘记你教我的那些美丽的真理：不论活

在哪里，不论我们分离得有多么远，我永远都会记得你教我要微笑，要像一个男子汉，承受一切已发生的事情。'

"我把那封信读了一遍又一遍，似乎觉得他就在我的身边，正在和我说话。他好像在对我说：'你为什么不照你教给我的办法去做呢？撑下去，不论发生什么事情，把你个人的悲伤藏在微笑底下，继续活下去。'

"于是，我继续工作。我再次对自己说：'事情到了这个地步，我要把思想和精力都用在工作上。'我不再为已经永远过去的那些事悲伤，现在我每天的生活里都充满了快乐。"

伊丽莎白·康奈莉，学到了须接受和适应那些不可避免的事。那些曾经在位的皇帝们，也常常提醒他们自己这样做。乔治五世，在他白金汉宫卧房里的墙上挂着下面一句话："不要为月亮哭泣，也不要为过去的事后悔。"叔本华说："能够顺从，是你在踏上人生旅途后最重要的一件事。"

很显然，环境本身并不能使我们快乐或悲伤，我们对周围环境的反应才能决定我们的悲欢。

在必要的时候，我们都能忍受灾难和悲剧，甚至战胜它们。我们内在的力量强大得惊人，只要我们肯加以利用，就能帮助我们克服一切。

不论在哪一种情况下，只要还有一点挽救的机会，我们就要奋斗。可是当常识告诉我们，事情已不可避免——也不可能再有任何转机，那么，请保持我们的理智，不要"左顾右盼，正如杨柳承受风雨、水适于一切容器一样,我们也要承受一切不可逆转的事实,对那些必然之事主动而轻快地承受。

无事自忧"。

创设了遍及全美的潘氏连锁商店的潘尼说:"哪怕我所有的钱都赔光了,我也不会忧虑,因为我看不出忧虑可以让我得到什么。我尽我所能把工作做好,至于结果就要看老天爷了。"中国也有句古话说:"谋事在人,成事在天。"

当我们不再反抗那些不可避免的事实之后,我们就能节省下精力,创造出一种更丰富的生活。

"对必然的事,要轻快地去承受。"这几句话是在耶稣基督出生前399年说的。但是在这个充满忧虑的世界,今天的人比以往更需要这几句话:"对必然的事,要轻快地去承受。"

忠于自我:这才是快乐的人生

◇一个人最糟的是不能成为自己,并且在身体与心灵中保持自我。

◇一个人想要集他人所有的优点于一身,是最愚蠢、最荒谬的行为。

◇在这个世界上,你每天都是一个崭新的自我,为此而高兴吧!善用你的天赋。

我有一封伊笛丝·阿雷德太太从北卡罗来纳州艾尔山寄来的信。"我从小就特别敏感而腼腆,"她在信上说,"我的身体一直太胖,而我的一张脸使我看起来比实际上还胖得多。我有一个很古板的母亲,她认为把衣服弄得漂亮是一件很愚蠢的事情。她总是对我说:'宽衣好穿,窄衣易破。'而她总照这句话来帮我穿衣服。所以我从来不和其他的孩子一起做室外活动,甚至不上体育课。我非常害羞,觉得我跟其他人都'不一样',完全不讨人喜欢。

"长大之后,我嫁给了一个比我年长好几岁的男人,可是我并没有改变。我丈夫一家人都很好,也充满了自信。他们就是我应该是而不是的那种人。我尽最大的努力要像他们一样,可是我办不到。他们为了使我开朗而做的每一件事情,都只是令我更退缩到我的壳里去。我变得紧张不安,躲开了所有的朋友,情形坏到甚至怕听到门铃响。我知道我是一个失败者,又怕我的丈夫会发现这一点。所以每次当我们出现在公共场合的时候,我都假装很开心,结果常常做得太过分,事后我会为这个而难过好几天。最后不开心到使我觉得再活下去也没有什么道理了,我开始想自杀。"

出了什么事才改变了这个不快乐的女人的生活?只是一句随口说出的话。

"一句随口说出的话,"阿雷德太太继续写道,"改变了我的整个生活。有一天,我的婆婆正在谈她怎么教育她的几个孩子,她说:'不管事情怎么样,我总会要求他们保持本色。'……'保持本色'——就是这句话!在那一刹那之间,我才发现我之所以那么苦恼,就是因为我一直在试着让自己适合于一个并不适合我的模式。

"在一夜之间我整个改变了。我开始保持本色。我试着研究我自己的个性,试着找出我究竟是怎样的人。我研究我的优点,尽我所能去学色彩和服饰上的学问,尽量以能够适合我的方式去穿衣服。我主动地去交朋友,我参加了一个社团组织——开始是一个很小的社团——他们让我参加活动,把我吓坏了。可是我每一次发言,都能增加一点勇气。这事花了很长的一段时间,可是今天我所有的快乐,却是我从来没有想到可能得到的。在教养我自己的孩子时,我也总是把我从痛苦的经验中所学到的结果教给他们:'不管事情怎么样,总是保持本色。'"

"保持本色的问题,像历史一样古老,"詹姆斯·高登·季尔基博士说,"也像人生一样普遍。"不愿意保持本色,即是很多精神和心理问题的潜在原因。安吉罗·帕屈在幼儿教育方面曾写过13本书和数以千计的文章,他说:"没有人比那些想做其他人,和除他自己以外其他东西的人,更痛苦的了。"

这种希望能做跟自己不一样的人的想法,在好莱坞尤其流行。山姆·伍德是好莱坞最知名的导演之一。他说在他启发一些年轻的演员时,所碰到的最头痛的问题就是这个:要让他们保持本色。他们都想做二流的拉娜·透纳,或者是三流的克拉克·盖博。"这一套观众已经受够了,"山姆·伍德说,"最安全的做法是:要尽快丢开那些装腔作势的人。"

威廉·詹姆斯曾说过:

"一般人的心智能力使用率不超过10%,大部分人不太了解自己还有些什么才能。与我们应该取得的成就相比,其实我们只运用了身心资源的一小部分。人往往都活在自己所设的限制中,我们拥有各式各样的资源,却常常不能成功地运用它们。"

保持你自己的本色,像欧文·柏林给已故的乔治·盖许文的忠告那样。当柏林和盖许文初次见面的时候,柏林已经大大有名,而盖许文还是一个刚出道的年轻作曲家,一个星期只赚35美金。柏林很欣赏盖许文的能力,就问盖许文要不要做他的秘书,薪水大概是他当时收入的3倍。"可是不要接受这个工作。"柏林忠告说,"如果你接受的话,你可能会变成一个二流的柏林;但如果你坚持继续保持你自己的本色,总有一天你会成为一个一流的盖许文。"

盖许文接受了这个警告,后来他慢慢地成为美国当时最重要的作曲家之一。

卓别林、威尔·罗吉斯、玛丽·玛格丽特·麦克布蕾、金·奥特雷,以及其他好几百万的人,都学过我在这一章里想要让各位明白的这一课,他们也学得很辛苦——就像我一样。

卓别林开始拍电影的时候，那些电影导演都坚持要卓别林去学当时非常有名的一个德国喜剧演员，可是卓别林直到创造出一套自己的表演方法之后，才开始成名。鲍勃·霍伯也有相同的经验。他多年来一直在演歌舞片，结果毫无成绩，一直到他挖掘出自己的喜剧本事之后，才有名起来。威尔·罗吉斯在一个杂耍团里，不说话光表演抛绳技术，继续了好多年，最后才发现他在讲幽默笑话上有特殊的天分，于是开始在耍绳表演的时候说笑话，因此成名。

玛丽·玛格丽特·麦克布雷刚刚进入广播界的时候，想做一个爱尔兰喜剧演员，结果失败了。后来她发挥了她的本色，做一个从密苏里州来的、很平凡的乡下女孩子，结果成为纽约最受欢迎的广播明星。

金·奥特雷刚出道的时候，想要改掉他得州的乡音，穿得像个城里的绅士，自称是纽约人，结果大家都在他背后笑话他。后来他开始弹五弦琴，唱他的西部歌曲，开始了他那了不起的演艺生涯，成为全世界在电影和广播两方面最有名的西部歌星。

下面是一位诗人——已故的道格拉斯·马罗区所说的：

如果你不能成为山顶的一株松，
就做一丛小树生长在山谷中，
但须是溪边最好的一小丛。

如果你不能成为一棵大树,
就做灌木一丛。
如果你不能成为一丛灌木,就做一片绿草,
让公路上也有几分欢娱。
如果你不能成为一只麝香鹿,就做一条鲈鱼,
但须做湖里最好的一条鱼。
我们不能都做船长,我们得做海员。
世上的事情,多得做不完,
工作有大的,也有小的,
我们该做的工作,就在你的手边。
如果你不能做一条公路,就做一条小径。
如果你不能做太阳,就做一颗星星。
不能凭大小来断定你的输赢,
不论你做什么都要做最好的一名。

活在今天:今天比昨天和明天更宝贵

◇我们首要去做的事情不是去观望遥远的未来,而是去做手边的清楚之事。

◇为明日作好准备的最佳办法就是集中你所有的智慧、热忱,把今天的工作做得尽善尽美。

◇昨天,是一张作废的支票;明天是一张尚未兑现的

期票；只有今天才是现金，有流通性的价值之物。

在一次培训课上，我和学员们讨论到"及时行乐"这个话题，大多数人认为"及时行乐"带有太多利己观念，但我认为"及时行乐"里面也包含很多积极进取的因素，有这么一个小故事：

一个20出头的小伙子急匆匆地走在路上。一个人拦住了他，问道：

"小伙子，你为何行色匆匆啊？"

小伙子连头也不回，飞快地向前跑着，只泛泛地甩了一句：

"别拦我，我要寻求幸福。"

转眼20年过去了，小伙子已变成中年人，可他依旧在路上奔波。

有一个人又拦住他。

"喂！中年人，你上哪儿去啊！"

"别拦我，我在寻找我的幸福。"

20年又过去了，这个中年人逐渐变得苍老，面色憔悴，背亦驼得像一张弯弓，可他仍挣扎着，一步步向前挨。

又有个人拦住他。

"老头子，你还在寻找你的幸福吗？"

"是啊！"

当老头回答完这句问话，猛地惊醒，一行老泪流了下来。

原来，刚才问他问题的那个人，就是幸福之神啊！他寻找了一辈子，实际上幸福就在他身边，他却屡次与他擦肩而过。

讲到这里，我看了看下面的学员，提出了这样一个问题：

"请问在座诸位，对于'及时行乐'这个命题还有不同看法吗？"

教室内一片寂静，看得出每个人都陷入了苦苦的思索之中。

是的，我们的人生太短促，但是，我们脚下的路却是很长很长，如果懂得适时地享受生活中的乐趣，抛开人世间的一切苦恼与忧虑，我们的人生就是幸福的、快乐的。

1871年春天，一个蒙德里尔综合医院的医科学生，因为受一句话的启发，而成为一代医学权威，创建了全世界知名的约翰·霍普金斯医学院，成为牛津大学的钦定医学教授，获得了医学界最高荣誉——女王勋章。他还被加封为子爵，他就是威廉·奥斯勒，而他看到的那句话是：

最重要的不是去看远方的模糊，而要做手边清楚的事。

他的成功，就是因为他活在一个所谓"完全独立的今天"。42年后，他在耶鲁大学发表演说时对大学生们说：

"你们当中的每一个的组织都比一条大海船复杂、精美得多，所要走的航程也远得多，但你们要学会怎样适应、控制一切，活在一个'完全独立的今天'。

"要注意聆听你们生活的每一个层面,隔断已经死去的昨天,也隔断那些尚未诞生的明天。那你拥有的就是今天。

"明天的重担,再加上昨天的重担,就会成为今天最大的障碍,要把未来像过去那样紧紧地关在门外,因为未来就在于今天。"

奥斯勒教授以为,为明日作准备的最好方法,就是要集中你所有的智慧,所有的热情,把今天的工作做得尽善尽美。在今天完成今日事,这才算为明天铺路。

我们多数的人,都拖延着不去享受今天的生活,我们都梦想着天边有一座奇妙的玫瑰园,而不去欣赏今天就开放在我们窗口的玫瑰。

你和我,在目前这一刹那,都站在两个永恒交汇之点——已经永远消逝了的过去,以及延伸到无穷尽的未来——我们都不可能活在这两个永恒之中,甚至连一秒钟也不行。若想那样做的话,我们就会毁了自己的身体和精神。所以,我们就以能活在这一刻而感到满足吧。从现在一直到我们上床,"不论担子有多重,每个人都能支持到夜晚的来临,"罗勃·史蒂文生写道,"不论工作有多苦,每个人都能做他那一天的工作,每一个人都能很甜美、很有耐心、很可爱、很纯洁地活到太阳下山,而这就是生命的真谛。"

对一个聪明人来说,每一天都是一个新的生命。

底特律城已故的爱德华·诺文斯,在学会"活于今天"之前，几乎因为忧虑而自杀。爱德华·诺文斯生长在一个贫苦的家庭，起先靠卖报来赚钱，然后在一家杂货店当店员。后来，家里有七口人要靠他吃饭，他就谋到一个当助理图书管理员的职位，薪水很少，他却不敢辞职。8年之后，他才鼓起勇气开始他自己的事业。不久，就用借来的55块钱，发展成一个大的事业，一年赚两万美金。就在这时，厄运降临了：他替一个朋友开出一张面额很大的支票，而那位朋友破产了。很快地，在这件灾祸之后又来了另外一次大灾祸，那家存着他全部财产的大银行垮了，他不但损失了所有的钱，还负债1.6万元。他精神受不住这样的打击，"我吃不下，睡不着，"他还说道，"我开始生起奇怪的病来。没有别的原因，只是因为担忧。有一天，我走在路上的时候，昏倒在路边，以后就再不能走路了。他们让我躺在床上，我的全身都烂了，伤口往里面烂进去之后，连躺在床上都受不了。我的身体愈来愈弱，最后医生告诉我，我只有两个星期可活了。我大吃一惊，写好我的遗嘱，然后躺在床上等死。挣扎或是担忧都没有用了，我放弃了，也放松下来，闭目休息。在此以前，连续好几个星期，我几乎没有办法连续睡两个小时以上。可是这时候，因为一切困难很快就将结束，我反而睡得像个孩子似的安稳。那些令人疲倦的忧虑渐渐消失了，我的胃口恢复了，体重也开始增加。

"几个星期之后，我就能撑着拐杖走路了。6个星期以后，我又能回去工作了。我以前一年曾赚过两万块钱，可是现在能找到一个星期30块钱的工作，就已经很高兴了。我的工作是推销用船运送汽车时放在轮子后面的挡板。这时我已学会不再忧虑——不再为过去发生的事情后悔，也不再担心将来。我把所有的时间、精力和热忱，都放在手头的工作上。"

由于他脚踏实地做好手头的每一件事情，他的进展非常快，不到几年，他已是诺文斯工业公司的董事长，多年来，这个公司一直是纽约股票市场交易所的一家公司。如果你乘飞机到格陵兰去，很可能降落在诺文斯机场——这是为了纪念他而命名的飞机场。可是，如果他没有学会"生活在完全独立的今天里"的话，爱德华·诺文斯绝不可能获得这样的成功。

时间并不能像金钱一样让我们随意贮存起来，以备不时之需。我们所能使用的只有被给予的那一瞬间，也就是今日和现在。假如我们不能充分利用今日而让时间白白虚度，那么它将一去不返。所谓"今日"，正是"昨日"计划中的"明日"，而这个宝贵的"今日"，不久将消失到遥远的彼方。对于我们每个人来讲，得以生存的只有现在——过去早已消失，而未来尚未来临。昨天，是一张作废的支票；明天，是一张尚未兑现的期票；只有今天才是现金，有流通性的价值之物。

摆脱忧虑的一个重要方法就是学会在现时中生活。请注意，这里使用的不是"现实"而是"现时"一词，它更加强调的是"现在"这一时间概念，现时生活是你真正生活的关键所在。细想一下，除了"现在"，我们永远不能生活在任何其他时刻，你所能把握的只有现在的时光，其实未来也只不过是一种即将到来的"现在"。有一点可以肯定：在未来到来之前，你是无法生活于未来之中的；然而，我们的文化传统总是降低现时的重要性，我们常听人们如此言谈：

为将来而积蓄；
要考虑后果；
不要过于注重享乐；
想想今后；
为退休作好准备，等等。

在我们的传统文化中，回避现时几乎成为一种流行性疾病。社会环境总是要求人们为将来牺牲现在。根据逻辑推理，在这种思想的影响下，人们总是在今天为明天或昨天的事情担忧，无法"活在今天"。回避现时这种态度意味着不仅要避免目前的享受，而且要永远回避幸福——难道不是吗？将来那一时刻一旦到来，也就成为现时，而我们到那时又必须利用那一现时为将来作准备。这样，幸福总是明日复明日，永远可望而不可即。

回避现时往往导致对未来的一种理想化。你可能会想象自己在今后生活中的某一时刻，会发生一个奇迹般的转变，你一下子变得事事如意，幸福无比，财富无限，或者期望自己在完成某一特别业绩——如大学毕业、结婚、有了孩子或职务晋升之后，你将重新获得一种新的生活。然而，当那一刻真正到来时，你却并没获得自己原先想象的幸福，甚至往往有些令人失望。未来永远没有你所想象的那么美好、如诗如画，它也只是一种切切实实的"现时"。为什么许多年轻人婚后不久就哀叹生活与婚姻的不幸？其中不乏一个原因——他们曾经将婚姻和未来幻想得过于幸福美满，而当这一切真正到来时，当他们置身于现时生活之中，他们不愿面对一些现实。

美国著名小说家亨利·詹姆斯在《大使们》一书中如此忠告：

"尽情地生活吧，否则，就是一个错误。你具体做什么都关系不大，关键是你要生活。假如没有生命，你还有什么呢？失去的就永远失去了，这是毫无疑义的……所谓适当的时刻就是人们仍然有幸得到的时刻，幸福地生活吧！"

"如果你也像托尔斯泰书中的伊凡·伊里奇那样回顾自己的一生，你将发现自己很少会因为做了某事而感到遗憾。"

"如果我到目前为止的整个生活都是错误的，那该怎么办？他忽然意识到以前在他看来完全不可能的事也许的确是真的，他也许真的没有按照他本应做的那样去生活。他忽然意识到，自己以前那些难以察觉的念头——尽管出现之后便随即被打消——或许才是真的，而其他一切则是虚假的。他的职业义务、他的生活以及家庭的整个安排，还有他的一切社会利益和表面利益,也许完全都是虚无的。他一直在为所有这一切进行着辩解,然而现在,他蓦然感到自己的辩解是苍白无力的。没有什么值得辩解的……"

恰恰相反,正是那些你所没做的事情才会使你在心中耿耿于怀。因此,你现在应该去做的事情十分显然——行动起来!珍惜现在的时光,充分利用现在的时光,不要放过一分一秒。否则,如果你以自我挫败的方式度过现在的时光,就无异于永远地失去这一现时。

让我们用铁门把过去隔断——隔断已经死去的那些昨天;揿下另一个按钮,用铁门把未来也隔断——隔断那些尚未诞生的明天。然后你就保险了——你有的是今天……切断过去,把已死的过去埋葬掉;切断那些会把傻子引上死亡之路的昨天,人类得到救赎的日子就是现在,精力的浪费、精神的苦闷,都会紧随着一个为未来担忧的人……那么把船后的大隔舱都关断吧,准备养成一个好习惯。生活在"完全独立的今天"里。幸福快乐就在你生活的每一天。

让我们用一个每天能产生快乐而富建设性思想的计划,来为我们的快乐而奋斗吧。

下面这个"只为今天"的计划,对我们过一种积极有益的生活非常有效,如果能照着做,我们就能大量地产生"生活上的快乐"。

1. 只为今天,我要很快乐。假如林肯所说的"大部分人只要下定决心都能很快乐"这句话是对的,那么快乐是来自内心,而不是来自外界。

2. 只为今天,我要让自己适应一切,而不去试着调整一切来适应我的欲望。我要以这种态度接受我的家庭、我的事业和我的运气。

3. 只为今天,我要爱护我的身体。我要多运动、善于照顾、善于珍惜;不损伤它、不忽视它;使它能成为我争取成功的好基础。

4. 只为今天,我要加强我的思想。我要学一些有用的东西,我不要做一个胡思乱想的人。我要看一些需要思考、更需要集中精神才能看的书。

5. 只为今天,我要用3件事来锻炼我的灵魂:我要为别人做一件好事,但不要让人家知道;我还要做两件我并不想做的事,而这就像威廉·詹姆斯所建议的,只是为了锻炼。

6. 只为今天,我要做个讨人喜欢的人,外表要尽量修饰,衣着要尽量得体,说话低声,行动优雅,丝毫不在乎别人的毁誉。对任何事都不挑毛病,也不干涉或教训别人。

7. 只为今天,我要试着只考虑怎么度过今天,而不期望我一生的问题一次就解决。因为,我虽能连续12个钟头做一件事,但若要我一辈子都这样做下去的话,就会吓坏了我。

8. 只为今天,我要订下一个计划。我要写下每个钟头该做些什么事。也许我不会完全照着做,但还是要订下这个计划,这样至少可以免除两种缺点——过分仓促和犹豫不决。

9. 只为今天，我要为自己留下安静的半个钟头，轻松一番。在这半个钟头里，我要想到神，使我的生命更充满希望。

10. 只为今天，我要心中毫无惧怕。尤其是，我不要怕快乐，我要去欣赏美的一切，去爱，去相信我爱的那些人会爱我。如果我们想培养平安和快乐的心境，请记住这条规划：

"有了快乐的思想和行为，你就能感到快乐。"

我在自己浴室的镜子上贴了一首诗，以便自己每天早上刮胡子的时候都能看见它。这首诗的作者是一个很有名的印度戏剧家卡里达沙。

向黎明致敬

看着这一天！

因为它就是生命，生命中的生命。

在它短短的时间里，

有你存在的所有变化与现实；

生长的福泽，

行动的辉煌。

因为昨天不过是一场梦，

而明天只是一个幻影，

但是活在很好的今天，

却能使每一个昨天都是一个快乐的梦，

每一个明天都是有希望的幻景。

所以，好好地看着这一刻吧，

这就是你对黎明的敬礼。

杞人无忧：别让小事妨碍了你的大事

◇人生短暂，如白驹过隙，然而有很多人却浪费了很多时间，去愁一些一年内就会被忘却的小事。

◇我们通常都能很勇敢地去面对生活里那些大的危机，却被些小事情搞得垂头丧气。大多数时间里，要想克服因为一些小事情引起的困扰，只要把自己的看法和重点转移一下就可以了。你会找到一个新的使你开心一点的想法。

下面是一个也许会让你毕生难忘、很富戏剧性的故事。说这个故事的人叫罗勒·摩尔。

"1945年的3月，我学到了我这一生最重大的一课。"他说，"我是在中南半岛附近276英尺深的海底下学到的。当时我和另外87个人一起在贝雅S.S.三一八号潜水艇上。我们由雷达发现，一小支日本舰队正朝我们这边开过来。在天快亮的时候，我们开出水面发动攻击。我由潜望镜里发现一艘日本的驱逐护航舰、一艘油轮，和一艘布雷舰。我们朝那艘驱逐护航舰发射了3枚鱼雷，但是都没有击中。那艘驱逐舰并不知道它正遭受攻击，还继续向前驶去，我们准备攻击最后的一条船——那条布雷舰。突然之间，它转过身子，直朝我们开来（一架日本飞机，看见我们在60英尺深的水下，把我们的位置用无线电通知了那艘日本的布雷舰）。我们潜到150英尺深的地方，以避免被它侦测到，同时准备好应付深水炸弹。我们在所有的舱盖上都多加了几层栓子，同时为了使我们的沉降保持绝对的静默，我们关了所有的电扇、整个冷却系统，和所有的发电机器。

"3分钟之后，突然天崩地裂。6枚深水炸弹在我们四周爆炸开来，把我们直压到海底——深达276英尺的地方。我们都吓坏了，在不到1000英尺深的海水里，受到攻击是一件很危险的事情——如果不到500英尺的话，差不多都难逃劫运。而我们却在不到500英尺一半深的水里受到了攻击——要照怎么样才算安全说起来，水深等于只到膝盖部分。那艘日本的布雷舰不停地往下丢深水炸弹，攻击了15个小时，要是深水炸弹距离潜水艇不到17英尺的话，爆炸的威力可以在潜艇上炸出一个洞来。有十几个深水炸弹就在离我们50英尺左右的地方爆炸，我们奉命'固守'——就是要静躺在我们的床上，保持镇定。我吓得几乎无法呼吸：'这下死定了。'电扇和冷却系统都关闭之后，潜水艇的温度非常高，可是我怕得全身发冷，穿上了一件毛衣，以及一件带皮领的夹克，可是还要冷得发抖。我的牙齿不停地打颤，全身冒着一阵阵的冷汗。攻击持续了15个小时之久，然后突然停止了。显然那艘日本的布雷舰把它所有的深水炸弹都用光了，就驶了开去。这15个小时的攻击，感觉上就像有1500万年。我过去的生活都一一在我眼前映现,我记起了以前所做过的所有的坏事,所有我曾经担心过的一些很无稽的小事情。在我加入海军之前,我是一个银行的职员,曾经为工作时间太长、薪水太少、没有多少升迁机会而发愁。我曾经忧虑过,因为我没有办法买自己的房子,没有钱买部新车子,没有钱给我太太买好的衣服。我非常讨厌我以前的老板,因为他老是找我的麻烦。我还记得,每晚回到家里的时候,我总是又累又难过,常常跟我的太太为一点芝麻小事吵架;我也为我额头上的一个小疤——是一次车祸里留下的伤痕——发愁过。

"有一条大家都知道的法律上的名言:'法律不会去管那些小事情。'一个人也不该为这些小事忧虑,如果他希望求得心理上的平静的话。

"大多数时间里,要想克服因为一些小事情所引起的困扰,只要把自己的看法和重点转移一下就可以了——让你有一个新的、能使你开心一点的看法。"

狄士雷利说过:"生命太短促了,不能再只顾小事。"

"这些话,"安德利·摩林在《本周》杂志里说,"曾经帮我挨过很多很痛苦的经历。我们常常让自己因为一些小事情、一些应该不屑一顾和忘了的小事情弄得非常心烦……我们活在这个世上只有短短的几十年,而我们浪费了很多不可能再补回来的时间，去愁一些一年之内就会被所有的人忘了的小事。不要这样，让我们把我们的生活只用在值得做的行动和感觉上，去想伟大的思想，去经历真正的感情，去做必须做的事情。因为生命太短促了，不该再顾及那些小事。"

"多年前，那些令人发愁的事看起来都是大事，可是在深水炸弹威胁着要把我送上西天的时候，这些事情又是多么的荒谬、微小。就在那时候，我答应我自己，如果我还有机会再见到太阳跟星星的话，我永远永远不会再忧虑了。永远不会！永远不会！永远也不会！在潜艇里面那15个可怕的小时里，我对于生活所学到的，比我在大学念了4年的书所学到的还要多得多。"罗勒·摩尔最后总结道。

我们通常都能很勇敢地面对生活里面那些大的危机，可是，却会被这些小事搞得垂头丧气。比方说，撒母耳·白布西在他的《日记》里谈到他脖子上那块痛伤的地方。

就像吉布林这样有名的人，有时候也会忘了"生命是这样的短促，不能再顾及小事"。其结果呢？他和他的舅爷在维尔蒙打了一场官司——这场官司打得有声有色，后来还有一本专辑记载着，书的名字叫《吉布林在维尔蒙的领地》。

故事的经过情形是这样子的：吉布林娶了一个维尔蒙地

方的女孩子凯洛琳·巴里斯特,在维尔蒙的布拉陀布罗造了一间很漂亮的房子,在那里定居下来,准备度他的余生。他的舅爷比提·巴里斯特成了吉布林最好的朋友,他们两个在一起工作,在一起游戏。

然后,吉布林从巴里斯特手里买了一点地,事先协议好巴里斯特可以每一季在那块地上割草。有一天,巴里斯特发现吉布林在那片草地上开了一个花园,他生起气来,暴跳如雷,吉布林也反唇相讥,闹至维尔蒙绿山上的天都变黑了。

几天之后,吉布林骑着他的脚踏车出去玩的时候,他的舅爷突然驾着一部马车从路的那边转了过来,逼得吉布林跌下了车子。而吉布林——这个曾经写过"众人皆醉,你应独醒"的人——却也昏了,告到官里去,把巴里斯特抓了起来。接下去是一场很热闹的官司,大城市里的记者都挤到这个小镇上来,新闻传遍了全世界。事情没办法解决,这次争吵使得吉布林和他的妻子永远离开了他们在美国的家,这一切的忧虑和争吵,只不过为了一件很小的小事:一车子干草。

平锐克里斯在2400年前说过:"来吧,各位!我们在小事情上耽搁得太久了。"这话一点也不错,我们的确是这样子的。

第七章
做自己情绪的主人

愤怒意味着无知

◇温和与友善总是要比愤怒和暴力更强有力。

◇林肯说:"一滴蜜比一加仑胆汁更能捕到苍蝇。"

◇中国人有一句格言充满了东方一以贯之的悠久智慧:"轻履者行远。"

工程师史德伯希望他的房租能够减低,但他知道房东很难缠。"我写了一封信给他,"史德伯在讲习班上说,"通知他,合约期一满,我立刻就要搬出去。事实上,我不想搬,如果租金能减低,我愿意继续住下去,但看来并不可能,因为其他的房客都试过——失败了。大家都对我说,房东很难打交道。但是,我对自己说,现在我正在学习为人处世这一课,不妨试试，看看是否有效。

"他一接到我的信，就同秘书来找我。我在门口欢迎他，充满善意和热忱。开始我并没有谈论房租太高，只是强调我多么的喜欢他的房子。我真是'诚于嘉许，惠于称赞'。我称赞他管理有道，表示我很愿再住一年，可是房租实在负担不起。他显然是从未见过一个房客对他如此热情，他简直不知道该怎么办才好。

"然后，他开始诉苦，抱怨房客，其中一位给他写过14封信，太侮辱他了。另一位威胁要退租，如果不能制止楼上那位房客打鼾的话。'有你这种满意的房客，多令人轻松啊！'他赞许道。接着，甚至在我还没有提出要求之前，他就主动要减收我一点租金。我想要再少一点，就说出了我能负担的数字，他一句话也不说就同意了。

"当他离开时，又转身问我：'有没有什么要为你装修的地方呢？'

"如果我用的是其他房客的方式要求减低房租的话，我相信，一定会碰到同样的阻碍。使我达到目的的是友善、同情、称赞的方法。"

多年以前，当我赤着脚，穿过树林，走路到密苏里州西北部一个乡下学校上学的时候，有一天我读到一则有关太阳和风的寓言。太阳和风在争论谁更强而有力。风说："我来证明我更行。看到那儿一个穿大衣的老头了吗？我打赌我能比你更快使他脱掉大衣。"

于是太阳躲到云后，风就开始吹起来，愈吹愈大，大到像一场飓风；但是风吹得愈急，老人愈把大衣紧裹在身上。

终于，风平息下来，放弃了。然后太阳从云后露面，开始以它温暖的微笑照着老人。不久，老人开始擦汗，脱掉大衣。太阳对风说，温和和友善总是要比愤怒和暴力更强而有力。

古老的寓言依旧合乎现代的意义。太阳的温和使人们乐意褪去外衣，风的冷峻反而使人们更加裹衣取暖。相同地，亲切、友善、赞美的态度，更能使一个人摈弃成见，抛下私我而面对理性，这是人性的自然流露。

波士顿是美国历史上的教育和文化中心，小时候的我根本不敢梦想能有机会看到它。为这件事做见证的是华尔医师，他在30年后变成了我那讲习班上的同学。以下是他在讲习班上所讲的那个故事。

那年头波士顿的报纸充斥着江湖郎中的广告——堕胎专家和庸医的广告。表面上是给人治病，骨子里却以恐吓的词句，类似"你将失去性能力"等，欺骗无辜的受害者。他们的治疗方法使受害者满怀恐惧，而事实上却根本不加以治疗。他们害死了许多人，却很少被定罪。他们只要缴点罚款或利用政治关系，就可以逃脱责任。

这种情况太严重了，激起了波士顿很多善良民众的义愤。

传教士拍着讲台，痛斥报纸，祈求上帝能终止这种广告。公民团体、商界人士、妇女团体、教会、青年社团等，一致公开指责，大声疾呼——但一切都无济于事。议会掀起争论，要使这种无耻的广告不合法，但是在利益集团和政治的影响力下，各种努力均告徒然。

华尔医师是波士顿基督联盟的善良民众委员会主席，他的委员会用尽了一切方法，都失败了。这场抵抗医学界败类的斗争，似乎没有什么成功的希望。

接着，有一天晚上，华尔医师试了波士顿显然没有人试过的一个办法。他所用的是仁慈、同情和赞美。他的目的是使报社自动停止那种广告。他写了一封信给《波士顿先锋报》的发行人，表示他多么仰慕该报：新闻真实，社论尤其精彩，是一份完美的家庭报纸，他一向看该报。华尔医师表示，以他的看法，它是新英格兰地区最好的报纸，也是全美国最优秀的报纸之一。"然而，"华尔医师说道，"我的一位朋友有个小女儿。他告诉我，有一天晚上，他的女儿听他高声朗读贵报上有关堕胎专家的广告，并问他那是什么意思。老实说他很尴尬，他不知道该怎么回答。贵报深入波士顿上等人家，既然这种场面发生在我的朋友家里，在别的家庭也难免会发生。如果你也有女儿，你愿意她看到这种广告吗？如果她看到了，还要你解释，你该怎么说呢？很遗憾，像贵报这么优秀的报纸——其他方面几乎是十全十美——却有这种广告，使得一些父母不敢让家里的女儿阅读。可能其他成千上万的订户都和我有同感吧!"

两天以后,《波士顿先锋报》的发行人,回了一封信给华尔医师。日期是1904年10月13日。华尔医师保留了这封信有1/3个世纪。他参加讲习班后,把它交给了我。我在写这段时,它就放在我的面前:

亲爱的先生:

11日致本报编辑部来函收纳,至为感激。贵函的正言,促使我实现本人自接掌本职后,一直有心于此但未能痛下决心的一件事。

从下周一起,本人将促使《波士顿先锋报》摒弃一切可能招致非议的广告。暂时不能完全剔除的广告,也将谨慎编撰,不使它们造成任何不快。

贵函惠我良多,再度致谢,并盼继续不吝指正。

太阳能比风更快使你脱下大衣;仁厚、友善的方式比任何暴力更易于改变别人的心意。

学会控制你的愤怒

◇愤怒是一种极具毁灭力量的情绪，它不仅能够摧毁你的健康，而且还能扰乱你的思考，给你的工作和事业带来不良的影响。

◇愤怒时多想想盛怒之下失去理智可能引起的种种不良后果，心中要不断提醒自己"不要发怒"，努力控制自己的情绪表现，这样可以起到控制愤怒的作用。

愤怒是一种常见的消极情绪，它是当人对客观现实的某些方面不满，或者个人的意愿一再受到阻碍时产生的一种身心紧张状态。在人的需要得不到满足、遭到失败、遇到不公、个人自由受限制、言论遭人反对、无端受人侮辱、隐私被人揭穿、上当受骗等多种情形下人都会产生愤怒情绪，愤怒的程度会因诱发原因和个人气质不同而有不满、生气、愤怒、恼怒、大怒、暴怒等不同层次。发怒是一种短暂的情绪紧张状态，往往像暴风骤雨一样来得猛，去得快，但在短时间里会有较强的紧张情绪和行为反应。

易怒者主要与其个性特点有关，大都属于气质类型中的胆汁质。胆汁质的人直率热情，容易冲动，情绪变化快，脾气急躁，容易发怒。易怒还与年龄有关，青年人年轻气盛，情绪冲动而不稳定，自我控制力差，比成年人更易发怒。

一般而言，生气时刻可归类为下列几种：

1. 当你因某种因素感到受挫、受胁迫或被他人轻蔑时；当你朝着既定目标前进，却可能由于某人的行为而受到阻碍时。

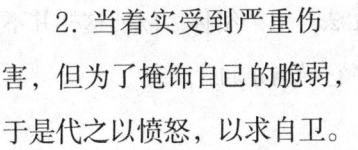

2. 当着实受到严重伤害，但为了掩饰自己的脆弱，于是代之以愤怒，以求自卫。

3. 当某种情境或某人的行为勾起昔日某种不堪的回忆时。

4. 当觉得自己的权利受到剥夺，或遭到某人误解时。

5. 当受到惊吓或处事不当时，自己生自己的气。

我们的确有时免不了会生气，但却鲜有人知道该如何来处理这种情绪。为了了解其中的原因，也为了探究愤怒产生的缘由，现在就让我们概要地来看一看一些可能伴随愤怒而来的情绪。

1. 自以为是。

当我们对某件事感到愤怒时，容易坚信自己是站在正义的一方，而别人则是错得离谱。在此种情况下，你不妨先问一问自己，事实真是如此吗？如果我们仍旧深信不疑，继之选择了表示自己的愤怒，如此一来，你表现的，极可能就是一副得理不饶人、气焰高涨的样子。你不妨扪心自问一下，你真的想给对方一点颜色瞧瞧吗？如果你有一丝一毫这种感觉，那么原因可能是你太看重自己了，抑或将他人的所作所为均看成和自己有利害关系，而非仅是他人的因素。举例来说，如果有个朋友答应你，要在星期一之前打电话给你，让你知道她是否能够帮你处理宴会事宜，但现在已经星期三了，而她依然没打电话过来——假使如此让你感到生气且义愤填膺，不要认为她一点都不尊重你，也许她只是临时有其他事耽搁了，所以无法打电话给你。纵使这样并不能让愤怒消失无踪，但起码可以将它导向正轨。

2. 自尊受损。

关于这方面的应对之道已多所论及。事实上，如果我们觉得自尊心受损，我们可能就会把事情看得过于个人化，认为他人的行为均是针对你的攻击或侮辱，即使他们并未存心如此。

3. 好下结论。

此项与前两项，尤其是"自以为是"，有着相当密切的关系。有人做了我们无法苟同的事，因此"他一定是错的"。如果你是个好下结论的人，你的思考一定倾向于这种方式："他绝对是个笨蛋之极的人"，等等。

倘若我们存有这种想法与感觉，往往就会在我们和相关者谈话时，于不知不觉中显露无遗。毕竟，很少人会真的直接明白地表达出自己愤怒的原因。

愤怒是一种极具毁灭力量的情绪，它不仅能够摧毁你的健康，而且可以扰乱你的思考，给你的工作和事业带来不良的影响。既然愤怒对我们的生活毫无用处，我们应该怎么来克制自己的愤怒情绪呢?

具体而言,我们可以采取以下方法来控制自己的愤怒:

1. 正面行动。

愤怒提醒了我们,世事并非都如人所愿。不满是一件极富正面意义的事,少了它,人们就只会接受现状,而不会为了迈向自己的目标,采取任何行动。举例来说,如果20世纪初的女性未曾因自己被掠夺公权而感到愤怒,那么她们也就不会为了投票权而抗争了。

2. 舒解压力。

表达愤怒可以舒解压力,否则压抑的情绪可能会导致焦虑,甚至疾病,这些症状均可借由愤怒的宣泄得到舒解。然而这并不意味着,我们必须将愤怒直接发泄在生气的对象身上。

3. 更为开诚布公。

愤怒可以使得双方关系更为开诚布公,进而互相信赖。如果你知道某人愿意和你谈谈最为棘手的核心,而非只是将其含糊带过,假装好像不存在似的,那么一股崇敬之情便会油然而生。

4. 情感疏通。

倘若我们在情绪产生时,能够确实触及自己真正的感受(包括愤怒在内),并加以适当处理,那么我们则不太可能将那些未表达或封闭的情绪囤积起来,以避免巨大的内在压力或严重的沟通不良。

5.实现目标。

不容忽略的是,存在愤怒情绪中的能量,同样是一股实现目标的动力。如果运用得当,它将能够帮助我们成为一个有自信、坚定的人,能够适切地表达自己的内在感受,并且得到自己生命中梦寐以求的事物。但请务必谨慎处理。

别让悲伤挡住了你的阳光

◇让每一天都有一个愉快的开始,则一天里所有的事都会变好。

◇困难特别吸引坚强的人。因为他只有在拥抱困难时,才会真正认识自己。

你为什么总是失败?无数次的失败将你推入黑暗的世界,享受不到成功的阳光,你想过没有,是谁挡住了你的阳光?

每一种心态都是每个人对人生的不同看法。在如铁般的现实里,每个人都不可避免地遭受这样或那样的打击和挫折：因为高考落榜而精神萎靡或是因为失恋而痛苦忧伤，因为无法适应快节奏的工作而丧失斗志……这些心理多半是人们意志薄弱、心态不成熟的一种表现。而这些异常的心理和悲观的心态往往导致痛苦的人生，往往影响对环境的正确看法。悲观者实际上是以自己悲观消极的想法看待客观世界，在悲观者心中，现实是或多或少被丑化了的。现在社会上许多人，对未来和生活，常常持有一种悲观的迷茫心理。对自己的过去，不管有无成败，不管有无辉煌，都一概加以否定，心理上充满了自责与痛苦，嘴上有说不完的遗憾；对未来缺乏信心，一片迷茫，以为自己一无是处，什么事都干不好，认知上否定自己的优势与能力，无限放大自己的缺陷。

戴高乐曾经说过："困难，特别吸引坚强的人。因为他只有在拥抱困难时，才会真正认识自己。"这句话一点也没错，有时，我们需要把困难当成机遇。

你自己努力过吗？你愿意发挥你的能力吗？对于你所遭遇的困难，你愿意努力去尝试，而且不止一次地尝试吗？只试一次是绝对不够的，需要多次尝试。那样你会发现自己心中蕴藏着巨大能量。许多人之所以失败，只是因为未能竭尽所能去尝试，而这些努力正是成功的必备条件。仔细查看列出的失败清单，看看过去你是否已竭尽所能。如果答案是否定的话，试试克服困难的第二个重要步骤，这就是学会真正思考，认真积极地思考。我确信积极思维的力量是惊人的，任何失败均能通过积极思维来解决，你能以积极思维来解决任何问题。

有一个14岁的男孩在报上看到招聘启事，正好是适合他的工作。第二天早上，当他准时前往应征地点时，发现应征队伍已排了20个男孩。

如果换成另一个意志薄弱、不太聪明的男孩，可能会因为如此而打退堂鼓。但是这个小伙子却完全不一样。他认为自己应动脑筋，他不往消极面思考，而是认真用脑子去想，看看是否有法子解决。于是，一个绝妙方法便产生了！

他拿出一张纸，写了几行字，然后走出行列，并要求后面的男孩为他保留位子。他走到负责招聘的女秘书面前，很有礼貌地说："小姐，请你把这张便条交给老板，这件事很重要。谢谢你！"

这位秘书对他的印象很深刻，因为他看起来神情愉悦，文质彬彬。如果是别人，她可能不会放在心上，但是这个男孩不一样，他有一股强有力的吸引力，令人难以忘记。所以，她将这张字条交给了老板。

老板打开字条，看后笑笑交还给秘书；她也把上面的字看了一遍，同样笑了起来，上面是这样写的：

"先生，我是排在第21号的男孩。请不要在见到我之前作出任何决定。"

你想他得到这份工作了吗？你认为呢？像他这样会思考的男孩无论到什么地方一定会有所作为。虽然他年纪很轻，但是他知道认真思考。他已经有能力在短时间内抓住问题核心，然后全力解决它，并尽力做好。实际上，你一生中会遇到很多诸如此类的问题。当你遇到问题时，一旦认真进行思考，便更容易找到解决办法。

要想克服失败的思维方式，学会积极思考非常关键。人必须调整心态，直到否定思维转变成肯定思维为止。

让每天都有一个愉快的开始，则一天里所有的事都会变好。

学会喜欢自己

◇成熟的人会适度地忍耐自己，正如他适度地忍耐别人一样。他不会因自己的一些弱点而感到活得很痛苦。

◇不喜欢自己的人，表现在外的症状之一便是过度自我挑剔。

◇独处对我们的心灵运动十分有益处，就好像新鲜空气对我们的身体极有帮助一样。

史迈利·布兰敦在一本书中写道："适当程度的'自爱'对每一个正常人来说，是很健康的表现。为了从事工作或达到某种目标，适度关心自己是绝对必要的。"

心理学家马斯洛在其著作《动机与个性》中也曾提到"自我接受"。他如此写道:"新近心理学上的主要概念是:自发性、解除束缚、自然、自我接受、敏感和满足。"

喜欢自己,是否会像喜欢别人一样重要呢?我们可以这么说:憎恨每件事或每个人的人,只是显示出他们的沮丧和自我厌恶。

哥伦比亚大学教育学院的亚瑟·贾西教授,坚信教育应该帮助孩童及成人了解自己,并且培养出健康的自我接受态度。他在其著作《面对自我的教师》中指出:教师的生活和工作充满了辛劳、满足、希望和心痛,因此,"自我接受"对每名教师来说,是同等重要的。

哈佛大学的教授怀特在《进步:性格自然成长的分析》中谈起了目前社会很流行的一种观念:人应该调整自己去适应环境。怀特反驳说:"这种观念认为一个人的理想状态就是能成功地压抑自己以适应狭窄的生活方程式,而不问这样做的结果是使人失去个性、目标和方向,影响了人创造与发展的潜能。"

我非常赞同怀特博士的观点。很少有人有勇气特立独行或直面真实处境。我们在行动之前就被社会文化和经济观念限制住了。从吃饭、穿着到生活方式和观念,我们和邻居如此相似。一旦我们某个不一样的行为与这种环境相异时,我们就会变得精神紧张或神经过敏,甚至于厌恶自己。

我认识的一个女性嫁给了一个野心勃勃、很有进取心、独断专行的政治家，于是，夫妇两人的社交圈——就是所谓的名流圈子，里面横竖着以社会地位和金钱数量来权衡人的标准。这位女性温柔贤淑，有谦虚的性格。在这种环境中她的优点都被别人认为的缺点所取代。她越来越自卑，直到讨厌自己。

在我看来，这个女人的问题的关键不在于她无法适应环境，而在于她无法适应和接受自己，无法心平气和、快快乐乐地接受自己。她没有彻底明白一个人只能按照自己的性格而不可能按照别人的性格来行事。

她要做的第一件事就是不能用别人的标准来权衡自己。她必须明确自己的价值观，然后自信地生活，并且善于和自己相处，消除厌恶自己的情绪。

夸大自己错误的程度和范围是讨厌自己的人经常做的事情之一，适当的自我批评是好事，有利于一个人的成长。但是演变为一种强迫性的观念时，就会使我们变得瘫痪，不能聚集力量做积极正面的事。

班上有一位女学员，她在班上说："我总是感到胆怯和自卑。别人好像都很沉着、自信。我一想到自己的缺点就感到泄气，于是就无法自如地说话了。"

每个人都有自己的缺点，但问题的关键不在于你的缺点，而在于你有多少优点。

决定一件艺术品和一个人的最终因素不是缺点。莎士比亚的作品中充满了历史和地理的基本常识的错误，狄更斯则尽力在小说中渲染伤感的气氛。但是谁计较呢？缺点并不妨碍他们成为一流的文学大师，因为优点才是最终的决定因素。我们在交朋友的时候也会感到对方缺点的存在，但是我们喜欢和他们交往是因为我们喜欢他们身上的优点。

自我完善的实现依赖于对优点的发挥，取长补短，而不是整天惦记着自己的缺点。

要学会喜欢和接受自己，首先必须挖掘自己对缺点的包容之心。包容不代表我们要降低对自己的要求，然后躺在床上睡大觉，而是明白人无完人。对别人求全责备是不公平的，要求自己完美则是一种极端的自我本位。

人没有完美的，强迫性的对完美的追求一旦不成功，这个人就会变得讨厌，甚至憎恨自己。

人不能时时刻刻都处在特别认真的状态中，学着喜欢自己的前提之一，就是能偶尔放慢行进的脚步欣赏自己。

马里兰州的精神病协会董事巴缔梅尔说："过去的人习惯在睡觉之前回想一下当天的活动，做一下反省。现在的人好像已经很少用了，实际上，这仍然是一个有用的办法。"

除非我们能与自己好好

相处，否则很难期待别人会喜欢与我们在一起。哈里·佛斯迪克曾经观察那些不能独处的人，形容他们好像"被风吹皱的池水一样，无法反映出美丽的风景来"。

独处能使我们发现内在的休息港口，能有参详的对象，是我们与外界接触的基础。安妮·马萝·林柏在其著作《来自海洋的礼物》中曾说过："我们只有在与自己内心相沟通的时候，才能与他人沟通。对我来说，我的内心就像幽静的泉水，只有在独处时才能发现其美。"

独处能使我们更客观地透视自己的生命。《圣经》的诗篇里有一句忠言："要安静，便可知道我就是神。"这话至今仍是忠言。独处的确对我们的灵魂十分有益处，就好像新鲜空气对我们的身体极有帮助一样。

假如我们要依赖别人才能得到快乐与满足，则无疑为他人增添负担，并影响到彼此之间的关系。要喜欢、尊重、欣赏我们自己，这不但能培养出健康成熟的个性，也能增进与他人相处的能力。

如果你想让自己远离情绪化的泥潭，请记住下面的原则：

了解并喜欢你自己。

用行为控制情感

◇事实上，你在驾驭着自己的情感，你的情感是由你对外界事物的看法而产生的。

◇成功人士和普通人士的区别在于前者用行为控制情感，后者任情感控制行为。

控制自己的情感是一个人把握自我的最基本要求。在日常生活中，人的情绪发生一定的起伏波动，这确实是一种无法避免的现象。我们每个人可能都曾有过这样的体验：一旦自己情绪特别好的时候，不仅神清气爽，而且工作起劲，对人对事充满了光彩与希望，周围的一切似乎都是那么美好；而有时候，人又情绪特别低落，不但心情沮丧，而且意志消沉，你身边的世界仿佛布满了灰暗与失望。对一般的人来讲，这种极端的欢乐与悲哀的情绪反应不易为个体所控制，因此对个体生活极具影响作用。一旦情绪产生，有些人往往一度沉沦于悲哀、痛苦、抑郁、孤独的心境之中而不能自救自拔。这种认为情绪无法控制，只能听之任之的观点会给人的生活带来极大的负面影响。

从心理学的角度来讲，情绪是个体受到某种刺激所产生的一种身心激动状态。

其实，情感并不仅仅是出现在你身上的情绪，而是你自己对外界事物作出的一种心理反应。如果你主宰着自己的情感，就不会作出自我挫败性的反应。一旦你学会依照自己的选择控制个人的情感，你就踏上了一条通往智慧之路。在这条道路上，绝无导致精神崩溃的歧途，因为你将把情绪视为一种可选的因素，而不是生活中的必然因素。这正是人的个性自由的关键所在。

下面，我们可以借助于一个简单的三段论，通过逻辑推理，让你摒弃那种认为情感是无法控制的观点，并开始控制自己的思维和情感：

①逻辑三段论。

大前提：狄克是一个人，

小前提：所有的人脸上都有毛，

结论：狄克脸上有毛。

②不合逻辑三段论。

大前提：狄克脸上有毛，

小前提：所有的人脸上都有毛，

结论：狄克是一个人。

从逻辑学的角度来讲，大前提必须与小前提一致。在上面第二个三段论中，其结论是错误的，因为狄克可能是人，也可以是猿猴或者其他脸上有毛的动物。下面让我们看看第三个逻辑推理，这一例子将有助于你彻底摆脱那种认为情感无法自我控制的观点。

③逻辑三段论。

大前提：我可以控制自己的思想，

小前提：我的各种情感都来源于我的思想，

结论：我可以控制自己的情感。

在上面这个三段论中，大前提是十分明确的，一个正常的人完全可以控制自己的思想和行为，所以你有能力对自己头脑所接收的信息进行思考。例如，如果有人要求你想象一只红色的羚羊，你可以将它想象成绿色，也可以将它想成一只小山羊，或者干脆想象成别的东西。只有你自己才能控制着进入你头脑中的各种想法，只有你才能对大脑的思想库作出选择，并组织成一定的逻辑程序。如果你不相信这一点，那请你试想一下："如果不是你在控制着自己的思想，那是谁在控制？是你爱人，上级，还是你的妈妈？"假如真的是他们在控制着你的思想，那建议你立即送他们去医院治疗，这样你马上就会好起来。但客观的现实很清楚：是你——而且只有你——控制着自己思维的机器，你的大脑完全属于你自己，你可以完全控制住自己的思想，并完全由你决定是否加以保留、改变、审视或交流。除了你，谁都无法钻进你的大脑，也不能像你那样体验自己的思想和情感。

其次，③中的小前提也是无可非议的，无论是从科学原理，还是根据常识判断都可以证实：一个人如果没有思想，那就没有情感。丧失了大脑功能，"感觉"能力也就不复存在了。人的每一种感情都是一种思想的生理反应。只有从思维中心得到某一信息之后，人才会出现哭泣、害羞、心跳加速以及其他各种可能的情绪反应。如果思维中心受到损坏或发生故障,你就不会做出任何感情反应。在大脑受到损伤的情况下,人甚至会感觉不到肉体的痛苦——即使将手放在炉子上烤焦了,也不会感到疼痛。因此,你的小前提是千真万确的。任何一种情感都必然产生于思维之后,因而没有思维,就没有情感。

我们每个人应该对自己的情感负责。你的情感是随着自己的思想而产生的,那么,你只要愿意,便可以改变对任何事物的看法。首先,你应该想一想:精神不快、情绪低沉或悲观痛苦到底能给你带来什么好处?然后,你就可以认真地分析一下导致这些消极情感的各种思想。

成功人士与普通人士的最大区别在于前者用行为控制情感后者用情感控制行为。成功人士在控制情绪时有许多方法和技巧,值得我们学习。

奥格·曼狄诺写的《世界上最伟大的推销员》向我们提供了许多控制情绪的方法,书中虚拟了一个巧妙的故事。少年海菲获得了10卷神秘的《羊皮卷》,他根据《羊皮卷》的原则行事为人,最终成为世界上最伟大

的推销员、最伟大的商人,建立了庞大的海菲商业帝国。10卷《羊皮卷》,其实就是10条做人行事的准则。这10条准则是:

1. "今天,我开始新生活。"

2. 爱心。"我要用全身心的爱来迎接今天。""最主要的,我要爱自己。"

3. 恒心。坚持不懈,直到成功。

4. 信心。"我是世界上最伟大的奇迹。""我能做的比已经完成的更好。"

5. 重视今天。"忘记昨天,也不要痴想明天。""假如今天是我生命中的最后一天。"

6. 控制情绪。"今天我要学会控制情绪。""有了这项新本领,我也更能体察别人的情绪变化。"

7. 快乐。"我要笑遍世界。"

8. 自重。"今天我要加倍重视自己的价值。"

9. 行动。"我现在就付诸行动。"

10. 信仰。

这些就是迈向成功之路的金钥匙。这10把金钥匙里面,有两把金钥匙同情绪有关:第六条"控制情绪"和第七条"快乐"。可见,控制情绪在人生的成功之路上是多么的重要。

第八章

将快乐随身携带

快乐是一种能力

◇快乐是一种礼物,创造了绝大多数生活。愉悦则是来自不计后果的狂欢,让人忘记生活。

◇快乐并不是不快的缺席,它是一种善待自己的能力,不管你感觉如何。

◇对于我们的工作和生活而言,快乐是一种能力,是一种尺度。我们用它来丈量生活的品质,丈量我们喜欢生活的程度。

快乐并不是不快的缺席,它是一种善待自己的能力,不管你感觉如何。但快乐和愉悦可以密切连接在一起。因为人们把注意力集中在痛苦而不是快乐上,所以我们无法得到快乐。

所有有关快乐的研究都表明，快乐的人忙碌、有活力、外向。生活在个人郁闷世界里的人会在寻找的过程中逐渐失去本我，孩子们则会全身心地投入到游戏中去。当我们忘记了自己是谁，把注意力集中在正在完成的事情上时，快乐就会来临。

每个人都有快乐的理由，但我们总认为我们没资格快乐，或者做得还不够，远不到快乐的时候。这种等待心理的表现是：我们常常说："如果……的话，我一定非常快乐，但是……"事实是我们永远也到不了那个境界。如果快乐要待实现某个目标后才能享受，人就会藏起自己的快乐，一直等到那个时刻。不幸的是，不管这愿望是关于金钱、汽车、工作或者爱人，即使真的实现了，你却会发现自己仍然快乐不起来。当你现在所做的一切都为了明天，生活已经失真。

很多人试图通过成功来创造快乐，是因为他们错误理解了这些东西带来快乐的质量和持续时间。新的幸福感很快就会暗淡，快乐开始变得平淡无奇，你只好又开始寻找下一个目标。

然而这并不是说我们不应该制定目标，只是鼓励大家将目标放在现在。问问自己今天可以为明天的目标做些什么，不管那目标是健康、工作成功、减肥还是别的什么。我们能控制的唯一时刻就是现在。

对于我们的工作和生活而言，快乐是一种能力，是一种尺度。我们用它来丈量生活的品质，丈量我们喜欢生活的程度。

有这么一个故事。有一家跨国公司招聘策划总监。层层筛选后，最后只剩下3个佼佼者。最后一次考核前，3个应聘者被分别封闭在一间设有监控的房间内。房间内务和生活用品一应俱全，但没有电话，不能上网。考核方没有告知3个人具体要做什么，只是说，让几个人耐心等待考题的送达。

第一天，3个人都在略显兴奋中度过，看看书报，看看电视，听听音乐。

第二天，情况开始出现了不同。因为迟迟等不到考题，一个人变得焦躁起来，一个人不断地更换着电视频道，把书翻来翻去……另一个人，则跟随着电视节目里的情节快乐地笑着，津津有味地看书做饭吃饭，踏踏实实地睡觉……

5天后，考核方将3个人请出了房间，主考官说出了最终结果：那个能够坚持快乐生活的人被聘用了。主考官解释说："快乐是一种能力，能够在任何环境中保持一颗快乐的心，可以更有把握地走近成功！"

实际上，我们能否快乐主要是决定于下面几个方面：

1. 思维模式

即看待生活的方式，也是快乐的核心。在很大程度上人的思维决定感情，所以我可以通过"想"某些事来促进相同结果的发生，即用思想指导行为。

2. 价值观念

我们的价值观和生活规则同样非常重要。如果成功是你生活的信条，那么取得成功的基础是赚钱。这个规则——价值系统对制造快乐并没有必要。

绝大多数人继承了父母的价值观和其他一些社会行为，我们甚至在不知道它们究竟是什么的情况下就已经习惯了这些东西。如果生活的目的是让别人满意——很多人确实如此——那么我们首先担心自己做得还不够好，而这种想法只能带来不快、气愤、压力和疾病。过于在意外部环境会带来压力感。快乐的人是那些知道自己的目标并明确了解完成目标的方法的人。

3. 角色认知

平衡我们的角色对快乐来说也很重要。我们在生活中扮演着不同角色——工作的、家庭的。人们当然会更重视能得到更多承认的那个角色——不管是工作的还是私人的。但是把自己的快乐建立在别人的脸色上，只能给自己带来不快和压力。

可能你在自认为最重要的角色上表现不错，不过要记住，为此而忽视其他角色是万万不行的。我们将制造快乐的方法称作"更高使命"——生活的全部哲学或者目的。一旦你知道自己想要的，明确自己的人生应该如何度过、为什么要这样度过，你就能制定目标，并采取相应步骤去实现它。

心理暗示的魔力

◇一切的成就,一切的财富,都始于一个意念。

◇思想的运用和思想的本身,就能把地狱变成天堂、把天堂变成地狱。

◇如果你感到不快乐,唯一能找到快乐的方法,就是通过积极的心理暗示,使言语和行为好像已经感觉到快乐的样子。

你我所必须面对的最大问题——事实上也是我们需要应对的唯一问题——就是如何选择正确的思想。而且,如果我们能做到这一点,就可以解决所有的问题。

不错,如果我们想的都是快乐的念头,我们就能快乐;如果我们想的都是悲伤的事情,我们就会悲伤;如果我们想到一些可怕的情况,我们就会害怕;如果我们想的是不好的念头,我们恐怕就不会安心了;如果我们想的全是失败,我们就会失败;如果我们沉浸在自怜里,大家都会有意躲开我们。

这是不是暗示对于所有的困难,我们都应该用习惯性的乐天态度去对待呢?不是的。生命不会这么单纯,不过大家应选择积极的态度,而不要采取消极的态度。换句话说,我们必须关注我们的问题,但是不能忧虑。关注和忧虑之间的分别是什么呢?关注的意思就是要了解问题在哪里,然后很镇定地采取各种方法去加以解决，而忧虑却是发疯似的在小圈子里打转。

从事成人教育35年的经验使我深信思想对于一个人所能产生的巨大影响。一个人只要改变自己的想法，就能改变自己的生活，就能够消除忧虑和恐惧，就能走向成功。我们内心的平静，和我们由生活所得到的快乐，并不在于我们在哪里、我们有什么，或者我们是什么人，而只是在于我们的心境如何，与外在的条件没有多少关系。

思想的运用和思想的本身，就能把地狱变成天堂，把天堂变成地狱。

当你被各种烦恼困扰，整个人精神紧张不堪的时候，你可以凭自己的意志力，改变你的心境。这可能要花一点力气，可是秘诀却非常的简单。

如果你感到不快乐，那么唯一能找到快乐的方法，就是振奋精神，使行动和言辞好像已经感觉到快乐的样子。

这种简单的办法是不是有用呢？你不妨自己试一试。让你的脸露出一个很开心的笑容来，挺起胸膛，好好地深吸一口气，然后唱一小段歌，如果你不会唱，就吹口哨，若是你不会吹口哨，就哼点别的。当你的行动能够显出你快乐的时候，根本就不可能再忧虑和颓丧下去了。

好多年以前，我看过一本小书，它对我的生活产生了深远而良好的影响，它的书名叫作《人的思想》，作者是詹姆斯·艾伦。下面是书里的一段：

"一个人会发现，当他改变对事物和其他人的看法时，事物和其他人对他来说就会发生改变——要是一个人把他的思想引向光明，他就会很吃惊地发现，他的生活受到很大的影响。人不能吸引他们所要的，却可能吸引他们所有的……能变化气质的神性就存在于我们自己心里，也就是我们自己……一个人所能得到的，正是他们自己思想的直接结果……"

自有人类以来，不知有多少思想家、传教士和教育者都已经一再强调信心与意志的重要性。但他们都没有明确指出，信心与意志是一种心理状态，是一种可以用自我暗示引导和修炼出来的积极的心理状态！成功始于觉醒，心态决定命运！

不同的心理暗示，就会给你带来不同的情绪和行为。有一天，一位朋友给我讲了一个十分让我感动的故事，它让我深刻地感受到了心理暗示的巨大魔力：它可以挽救一个垂死人的生命。这个故事的主角就是一个名叫杰克的快乐的年轻人。

杰克是饭店经理，他的心情总是很好。当有人问他近况如何时，他回答："我快乐无比。"

如果哪位同事心情不好，他就会告诉对方怎么去看事物好的一面。他说:"每天早上,我一醒来就对自己说,杰克,你今天有两种选择,你可以选择心情愉快,也可以选择心情不好,我选择心情愉快。每次有坏事情发生,我可以选择成为一个受害者,也可以选择从中学些东西,我选择后者。人生就是选择,你要学会选择如何去面对各种处境。归根结底,你自己选择如何面对人生。"

有一天,他被3个持枪的歹徒拦住了。歹徒朝他开了枪。

幸运的是发现及时,杰克被送进了急诊室。经过18个小时的抢救和几个星期的精心治疗,杰克出院了,只是仍有小部分弹片留在他体内。

6个月后,他的一位朋友见到了他。朋友问他近况如何,他说:"我快乐无比。想不想看看我的伤疤?"朋友看了伤疤,然后问当时他想了些什么。杰克答道:"当我躺在地上时,我对自己说有两个选择:一是死,一是活。我选择了活。医护人员都很好,他们告诉我,我会好的。但在他们把我推进急诊室后,我从他们的眼神中读到了'他是个死人'。我知道我需要采取一些行动。"

"你采取了什么行动?"朋友问。

杰克说:"有个护士大声问我对什么东西过敏。我马上答'有的'。这时,所有的医生、护士都停下来等我说下去。我深深吸了一口气,然后大声吼道:'子弹!'在一片大笑声中,我又说道:'请把我当活人来医,而不是死人。'"

杰克就这样活下来了。

心理上的自我暗示固然是个法宝,但这个法宝的巨大魔力,还需要通过经常地长期运用,形成一种意识,才会充分地显示出来。具有自信主动意识的人必然会长期进行积极的自我暗示,而具有自卑被动意识的人却总是使用消极的自我暗示。可以说,经常进行积极暗示的人在每一个困难和问题面前看到的都是机会和希望;而经常进行消极暗示的人在每一个希望和机会面前看到的都是问题和困难。很明显,正是这种由成千上万次的心理暗示所形成的意识决定了一个人有无发展、能否成功。

自我意识、自我评价本身确实能左右一个人的发展。一个孩子如果有了不良的自我意识,就会有不良的表现,也就很容易被人们看成是"没出息""没用",甚至"有犯罪意图"。一个人的心理暗示是怎样,他就会真的变成那样。

寻找快乐的"发源地"

◇建造心灵快乐园地的好方法就是储存快乐的来源并加以扩大。我们可以通过很多方式来收集贮藏这些来源。

快乐有快乐的"发源地"。

建造心灵快乐园地的好方法就是找到快乐的发源地,把这些储存快乐的来源加以扩大。你可以通过很多方式来收集贮藏这些来源。我们不要将快乐的来源看成一项特别不寻常的事或举动，而将它视为种种"满意的"累积结果。快乐的价值，无法用金钱来衡量，它是依据能带给我们多大影响力而定。

刺激与松弛在快乐中扮演着重要的角色。

刺激是快乐的最大来源之一，它以许多方式翩然降临在我们身上，包括从新食品、新认识的人、新观念，甚至从神秘、惊人的冒险过程中所得到的新奇感受与经验，等等。

此外，兴奋也是快乐不可或缺的重要来源。

拿动物做实验就可以看出"兴奋"是一项强有力、不可抵挡的利器——如果在猩猩脑里接通电流至控制快乐兴奋的中枢，并给予猩猩一个可以连通这电流的按钮，使猩猩处于兴奋状态，则猩猩必然会不停地按这个按钮直到自己精疲力竭而后才停止。

兴奋的相反一面——松弛，对一般人而言就没有那么容易做到了。我们发现很难将松弛浇注于生活之中，而完全地放松也成为奢望。不能自我放松是快乐一个很大的威胁。如果你希望获得快乐，就必须暂时脱离压力的烦忧，保持一段时间的孤立，放下每日的琐事，使自己完全地平静与平衡。

每个人都应有自己的方式去获得介于兴奋与放松之间的平衡。

一般说来，如果你的满足感增加，你必然会更快乐。假设有一天，你因为凡事都不顺心而心烦意乱，觉得很不快乐，建议你不妨与烦心的事来一次竞赛，有意地堆积满意的心情，直到发现满足胜过你原有的不满意，如此你一定就不会觉得那么难过了。

　　假设你和一位好友吵架，又因交通阻塞以致在一个重要的业务会议上迟到。开完会后，公司宣布今年不给你加薪。上班时牙痛不得不请假去看牙医，好不容易回到家又看到邮箱里塞满了账单——这是多么令人不高兴的一天啊！此时最好的方法就是计划一个充满乐趣的傍晚。你可以拨电话和一些知心朋友聊天，打打球，到一间优雅的餐厅好好享受一顿晚餐；吃完饭后再去看场电影，放松一下身心。这样，你白天积压的不满意就会被晚间的满意所取代，就会变得快乐一些。

　　也许有人认为这个方法实在是太简单了，不会有什么效力，不过多次的试验都证明还蛮管用的。尽管它无法解决你所有的问题，但至少可以稳定情绪，使你能心平气和地处理问题。

　　还有一点也很重要，就是要多方面培养快乐的来源。因为多方面的来源能带来多层面的乐趣，并且如果你只有少数的快乐来源，它们可能不堪长期重复使用，而对仅有几个来源依赖过深也会造成乏味。如果你只靠一件事或物来追寻快乐，当你失去它时烦恼就会跟着来了。毕竟你在短时间内无法找到可以替代或填补它的东西。就如一个只专注于工作无其他嗜好的人，一旦他遭到解雇的命运或年老必须退休时，他一定会非常不快乐。

这也就是为什么有越多的快乐来源越好，因为种类多我们就不容易厌倦，假如不幸失去了其中一样，立刻有其他来源可以取代，快乐才能不受影响。

另外，我们使用一项来源时，还必须投入足够的时间使这来源确实有效，确实能使我们从中获得快乐。我们必须真正"进入"来源中才能领悟其中的乐趣。运动就是这样，门外汉怎可能体会到运动的乐趣？必须是你对某项运动已有相当的熟悉程度之后，才能从中获得乐趣。比如工作也是必须在一段时间的接触后，才能令你觉得愉快。有些人虽然拥有许多快乐的来源，但因为不能专心于一件事情，并与这件事情融为一体，所以他们仍然觉得无聊，当然也就变得不快乐。许多人都有过这样的经验：如果我们企图在一天里做很多事，就算是这些事本身都很有趣，但由于分心太多，所以一天的快乐也降低不少。

现在你不妨看看自己的快乐来源，并作一个评估，看看你是否太依赖某一项来源。让我们努力去增加来源吧！也许令你快乐的一些事物或活动是挺花钱的，但当你仔细检查之后，你将惊讶地发现，有许多来源是由环境、朋友、增加见闻或是其他与钱无关的来源获得的。如果你有金钱方面的困扰，记住：不管价值多少，目标总是目标，期待还是期待，新奇品仍是新奇品，放松依旧是放松，刻意去制造富裕的环境以获得快乐是没必要的。豪华的度假别墅与公园、城市与森林又有何不同？只要你愿意，到处都有不同的活动供你享受啊！

从生活中捡拾情趣

◇只要生活有情趣，我们就不会老踩在马路的香蕉皮上。

◇世上有许多充满了情趣的事情可以让你去做，在这令人兴奋的世界中，不要过乏味的生活。

◇生活的艺术可以用多种方法表现出来。也许它可以用这几个字来概括：物尽其用。

一位哲人曾说过：在这地球上，那叫作"生命"的刺激冒险的机会，是你唯一能去做的。因此何不计划它，尽量设法活得丰富而又快乐？

世上有许多有趣的事情可以去做。在这令人兴奋的世界中，不要过乏味的生活。

生活要过得简单而不乏味，有情趣而不孤独，这需要生活技巧。

一个有智慧的人,他到了40岁以后,生活就过得非常"简单化"了!所谓"简单化",并不是说要过简单的生活,如古代西班牙式的生活。而是说,对于一切的事件,要能够得法而不随便浪费到无用的地方。

当然,仅仅生活简单化还不够,应该趁着年轻的时候,好好地学习一些技艺。一个人到了50岁以后,能力就将逐步衰退,换言之,学习进步的速度,就不得不减慢了。所以,50岁以后的人,想学习什么新的技艺,那是比较困难的。

有一位作家曾说法国人懂得"生活"的"技术",而不是说他们懂"生活"的"艺术"。

懂得"生活技术"的人,不一定就是懂得"生活艺术"的人!所谓"生活技术",也就是"职业技术"。你有谋生的本能吗?假如你回答说"有",那么,你的"谋生本能"便是"生活技术",因为没有这种"技术",你便不能"生活"。

这并不是唱高调。

芝加哥的约瑟夫·沙巴土法官,他审理过4万件婚姻冲突的案子,并使2000对夫妇和好。他说:"大部分的夫妇不和,根本是源于许多琐屑的事情。诸如,当丈夫离家上班的时候,太太向他说再见,可能就会使许多夫妇免于离婚。"

劳·布朗宁和伊丽莎白·巴瑞特·布朗宁的婚姻,可能是有史以来最美妙的了。他永远不会忙得忘记在一些小地方赞美她和照料她，以保持爱的新鲜。他如此体贴地照顾她的残废的太太，结果有一次她在给姊妹们的信中这样写道："现在我自然地开始觉得我或许真的是一位天使。"

简单的生活琐事，可能会给你带来不同的结果，就看你怎样用技术来处理了。

爱迪生的"电灯研究"成功后，他的名字立刻誉满全球，这样的"安慰"，是"生活艺术"上的安慰，是心灵上的安慰。

追求个人生活的情趣，不仅可以得到精神上的慰藉，还可以得到情感的升华。

所以，生活从40岁开始，我们不应该消极、灰心，而要加倍努力，为自己的心灵营造一方净土——生活情趣是实现这个目的的最好方式。

任何人都想过幸福且充满活力的生活。要实现这个愿望，时时接受新事物的挑战就显得格外重要。

年龄虽大但依然精力充沛的人，多半是不断接受挑战的人。

年纪越大，越感到时光流逝之快。我曾在全美国进行过一项心理实验，也得出与这句话相同的结果。

生活的心境不同，是导致年纪稍大的人觉得时间过得快的主要原因。

因为，他们很久已经没有尝试新的事物、听新鲜事了。

所以，40岁以上的人应努力对很多事物充满兴趣，寻找新的挑战，并且去体验一些新的发现——打破乏味的生活方式。

研究表明，一个人变得愉快，那么，他的行为也会变得令人欢快；一个人陷入忧郁的思绪和痛苦的状态中，那么，你就会发现他成了阴郁的、牢骚满腹的、怪僻的甚至是邪恶的人。因此，我们发现，粗暴和犯罪无一例外地都是出现在那些从不懂得欢乐的人身上，他们闭锁了心灵，对人与大自然融为一体的空明澄净的愉悦丧失了兴趣，对人与人之间互相启迪的愉快交往也就没了兴趣。

戒酒运动的倡导者们根本就没有充分地意识到，这个国家的酗酒恶习是由粗俗的兴趣爱好，是由这个国家存在着太有限的用于娱乐的机会和改善自己兴趣爱好的途径等因素造成的结果。德国人曾一度是酗酒最凶的，"像一位德国农民那样醉醺醺"曾经是一句流行的谚语。但他们现在过着最节制清醒的生活。他们是如何戒掉酗酒恶习的呢？主要是通过教育和音乐的手段。音乐具有一种最能使人变得仁慈博爱的效果。艺术的熏陶对公众的道德具有一种非常有益的影响。它为每个家庭提供了一个快乐的源泉，它给家增添了一种新的吸引力。它使人际间的社交活动更加令人愉快。马修神父用唱歌来加强他倡导的禁酒运动的效果。他发起了一场在爱尔兰全国各地建立音乐俱乐部的活动。因为他觉得，就像他曾经让人民远离威士忌一样，他必须用某些更健康的东西来取代它才行。他给他们带来了音乐。歌唱阶层出现了,他们提升了人们的兴趣爱好,使人们的品行更加温和谦恭,使爱尔兰人民更加仁慈博爱。但我们仍然担心,马修神父树立的典范恐怕早已被人们遗忘了。

钱宁教授说过:"通过把我们周围的氛围变成美妙的声音,造物主在我们的视听能力所及的范围内赋予了我们多么丰富的乐趣啊!然而这一美好的造化在我们身上几乎丧失殆尽了,原因在于我们对承担这一快乐的组织机体长期以来缺乏开发和培养。"

任何图片、版画或雕刻,无论是代表了一种高贵的思想,还是描述了一种英雄行为,或者是能够给我们的屋子带来一些田野或街道的气息,这些作品都是老师,都是教育的方法,是自我修养的好帮手。它使得家庭变得更令人愉快和有吸引力。它使家庭生活变得甜美,它使家中散发出优美雅致的氛围来。它使一个人从只关注个人的一己之利中解脱出来,在增强他同自己家庭的愉快交往的同时,也扩大了他对外部世界的友好联系。

举一个例子:一位伟人的肖像画有助于我们去理解他的人生。这幅画赋予了他一种个人的魅力。仔细端详他的相貌,我们觉得似乎我们对他了解得更多,与他更亲近了。在我们面前每天挂着这样的一幅画像,无论是在用餐时还是在闲暇时,它都浮现在我们的眼前,这会无形中提升我们的精神气质和心灵品性,是我们迈向更高人生境界的桥梁。

  一幅画定价很高以便让人们觉得它很美好,这种做法是不必要的。我们看到许多价格高昂的东西被人们买下,但这些东西的价值还不及拉法叶的木刻画《圣母马利亚》价值的1%,尽管这幅画只值2便士,但这幅画所蕴含的美,特别是圣母马利亚的头像,使人想起黑兹利特曾说过的话,即在这么一张美妙的肖像面前,要做出不文雅的行为几乎是不可能的。它是母爱、女性美和真挚虔诚的化身。正如曾有人对这幅画所表达的看法一样:"看起来似乎有点天国的氛围在屋里。"

  生活的艺术可以用多种方法表现出来。也许它可以用这几个字来概括:物尽其用。

假装快乐,你真的就会快乐

  ◇假装快乐不能在30天中把一个内向的人变成一个开心的外向的人,但却是迈向正确方向的第一步。

  ◇你的兴趣在哪里,你的精力就在哪里,陪一个唠叨的太太走过10条街远比陪知心识趣的情人走上10英里路要辛苦得多。

  ◇你对工作厌倦吗?为什么不跟自己玩一个"假装"的游戏,也许你会得到意想不到的结果。

假装绝对不是坏事，但一定要装得很像。假设你遇到了很不愉快的事情，而你想要假装自己很快乐，想想你该怎样假装呢？至少要面带微笑吧！为了做一个成功的假装者，你必须尽量想一些愉快的事情，为你的微笑补充能量，慢慢地，快乐的事情就会不断地涌出来，最后你会发现自己从不快乐变成了假装快乐，又从假装快乐变成了很快乐。

我们知道，造成疲劳的主要原因之一是无聊。我想这是很容易想见的事：假设你的邻居是一个年轻的女孩，下班回家时她整个人都累坏了。她腰酸背痛，头痛欲裂，所以不吃晚饭就上床睡了。然后电话铃响，是男朋友打来的电话，邀她去跳舞。女孩眼睛一亮，立刻一跃而起，穿上她最美丽的衣服，一直跳舞到深更半夜才回来。累了吗？一点也不，她神采飞扬，兴致高得很，甚至还了无睡意，满脑子还都是那些活泼的音乐呢！

难道说，下班时那个女孩的筋疲力尽都是装出来的？不，她的确是累坏了，因为她觉得工作无聊，人生也很无聊。这样的人满街都是，不见得是你的邻居而已，说不定就是你自己。

前面已经说过，造成疲倦的情绪因素胜过单纯的生理因素。从前有人做过实验，证明了无聊的确是疲倦的主因。那个实验是对一组学生进行一连串枯燥无趣的测试，结果学生都昏昏欲睡，抱怨头痛眼酸，有些甚至还觉得胃痛。这些都是想象的毛病吗？不，经过详细检查，发现人在无聊的时候，血液中的氧燃烧的确比较慢。等到碰到有趣的事情时，功能就立刻恢复正常了。

我们在做有趣的事情时，就不容易觉得疲倦。像我上回到加拿大洛基山脉去度假，成天钓鱼、砍柴，可是一点也不觉得累，因为我有兴致，还有成就感，否则在海拔7000英尺做这许多事早就累得躺在那里了。

哥伦比亚大学的爱德华·东狄克教授做过一个实验，他让一群年轻人不眠不休一个星期，一直从事有趣的活动。经过详细研究之后他做成报告："无聊是怠职的真正原因。"

如果你是一个劳心的人，真正让你疲倦的不是你做完的工作，而是你还没做的工作。举例而言，你还记得上个工作不尽心的日子吗？老是有人来打断你的工作，信也没回，约会也取消了，到处都是麻烦，成天都不对劲。你一事无成，你下班回家像打了一场仗回来，头快炸了似的。

第二天一切又对劲了。你的工作量是昨天的10倍，而你回家的时候却觉得像凯旋而归的勇士。你一定有过这种体验，我也有。

我在撰写本章时，曾抽空去看了一场音乐喜剧，里面有一句最佳的警句说:"能够做他们喜欢做的事的人都是幸运的家伙。"他们之所以幸运是他们因此能享有更多精力与快乐,减少烦恼和疲劳。

你的兴趣在哪里,你的精力就在哪里。陪一个唠叨的太太走过10条街,远比陪知心识趣的情人走上10英里路要辛苦得多。

可是那又有什么办法呢?你不妨参考一下下面这个速记员的做法。她在一家石油公司任职,一个月有好几天她得做一件最无聊的公事:整理各种数据表格。那个工作无聊到她本能地不服,决定非让它显得有趣一点不可。怎么做呢?她每天跟自己比赛。她数过每天早上整理过的表格,决定下午要超越早上的纪录,明天又要超越今天的纪录。如此这般,她的工作成绩比同一部门别的速记员的成绩都好。她这么做得到了什么吗?加薪?升迁?赞美?都没有。但是它的确帮她避免因无聊引发的倦怠,让她的心情常葆活力。也因为这种苦中作乐的心态,使她在闲暇时能做更多快乐的事。

我知道这个故事是真的,因为我娶了那个女孩。

著名的电台新闻评论员凯丹顿也告诉我他苦中作乐的经过。在他22岁时,他在一艘运牛船上工作,负责喂牛吃草喝水,就这么漂洋过海到了欧洲。初到巴黎,他一文不名,差点潦倒街头,好不容易在英文报上看到一则招聘启事,终于找到一个卖实体幻灯机的工作。

于是，他开始在巴黎街头挨家挨户推销他的产品，而他连一句法语都不会说。但是第一年他就赚到5000元的佣金，跻身当年巴黎业绩最好的推销员之列。更重要的是，那一年的经验教给他的东西比在大学念4年书还管用。他说自从做过那个工作之后，他觉得自己甚至可以把国会记录推销给法国的家庭主妇了。

这一年的经验使他对法国生活有了具体而微的了解，事后更证明了对他的报道有莫大的帮助。

话说回来，也许你觉得很奇怪，他既不懂法文，又怎么把东西推销出去呢？原来他先请雇主把推销词写好，他背下来，到时就去敲人家的门，等主妇出来应门时，他就背出一串奇怪的有外国腔的法文。他会把产品给那位主妇过目，而人家发问时，他就耸耸肩，说："我是美国人……美国人……"然后他就脱掉帽子，指着粘在帽顶的法文小抄。这一招通常把别人逗得忍俊不禁，他也跟着笑起来，趁机再拿更多产品给她过目，像这样成交的机会就多得多了。

凯丹顿先生说，这件事说来似乎很有趣，然而实在一点也不容易。他告诉我，唯一支持他做下去的动力是他下定决心要把它变成一件有趣的工作。每天早晨出发前，他会先对着镜子给自己来一段精神讲话：

"如果你想混口饭吃，就得去做这个工作，既然非做不可，为什么不做得快乐些呢！你何不想象你每按一个门铃，就是站在一座舞台上,有一个观众等着看你的表演?不是吗?你的工作其实也就跟舞台表演一样,为什么不好好发挥你的表演才华呢?"

凯丹顿先生告诉我,这种精神讲话对他的鼓励极大,使他有勇气有信心在人生地不熟的巴黎开拓前程,也终究造就了锦绣前程。

精神讲话效用宏大,千万不要等闲视之,它是极有心理学根据的。借着对自己进行精神讲话,你可以将自己的思想导向积极乐观的层面,你就会充满斗志。毕竟,是人的思想形成人的生活,好与坏全在你的一念之间。

第九章

笑对讥讽批评，从别人的镜子中打量自己

这是我的错

◇假如我们知道自己势必要遭到责备时，我们首先应自己责备自己，这样岂不比别人责备好得多吗？

◇任何愚蠢的人都会尽力为自己的错误进行辩解——而且多数愚蠢的人都会这样去做。但承认自己的错误，感觉有别于他人，会有一种尊贵怡然的感觉。

◇用争夺的方法，你永远得不到满足，但用让步的办法，你可能得到比你所期望的更多。

我住的地方，几乎是在大纽约的地理中心点上，但是从我家步行一分钟，就可到达一片森林。春天，黑草莓丛的野花白茫茫一片，松鼠在林间筑巢育子，野草长到高过马头。这块没有被破坏的林地，叫作森林公司——它的确是一片森林，也许与哥伦布发现美洲那天下午所看到的没有什么不同。我常常带

雷斯到公园散步,它是我的小波士顿斗牛犬。它是一只友善而不伤人的小猎狗,因为我们在公园里很少碰到人,我常常不给雷斯系狗链或戴口罩。

有一天,我们在公园遇见一位骑马的警察,他好像迫不及待地要表现出他的权威。

"你为什么让你的狗跑来跑去,却不给它系上链子或戴上口罩?"他申斥我道,"难道你不晓得这是违法的吗?"

"是的,我晓得,"我轻柔地回答,"不过我认为它不至于在这儿咬人。"

"你认为!你认为!法律是不管你怎么认为的。它可能在这里咬死松鼠或咬伤小孩。这次我不追究,但假如下回让我看到这只狗没有系上链子或套上口罩在公园里的话,你就必须去跟法官解释啦。"

我客客气气地答应照办。

我的确照办了,而且是好几回。可是雷斯不喜欢戴口罩,我也不喜欢那样,因此我们决定碰碰运气。事情很顺利,但接着我们撞上了暗礁。一天下午雷斯和我在一座小山坡上赛跑,突然间——很不幸地——我看到那位执法大人,跨在一匹红棕色的马上。雷斯跑在前头,径直向那位警察冲去。

我这下栽定了。明白这点,我决定不等警察开口就先发制人。我说:"警官先生,这下您逮了我一个正着。我有罪,我无话可说。您上星期警告过我,若是再带小狗出来而不替它戴

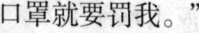

口罩就要罚我。"

"好说，好说，"警察回答的声调很柔和，"我知道在没有人的时候，谁都忍不住要带这么一条小狗出来溜达。"

"你这样的小狗大概不会咬伤别人吧？"警察反而为我开脱。

"不，它可能会咬死松鼠。"我说。

"哦，你大概把事情看得太严重了，"他告诉我，"我们这样办吧。你只要让它跑过小山，到我看不到的地方，事情就算了。"

那位警察也是一个人，他要的是一种重要人物的感觉。因此当我责怪自己的时候，唯一能增强他自尊心的方法，就是以宽容的态度表现慈悲。

但如果我有意为自己辩护的话，嗯，你是否跟警察争辩过呢？

我没有和他正面交锋，我承认他绝对没错，我绝对错了，我爽快地、坦白地、热诚地承认这点。因为我站在他那边说话，他反而为我说话，整个事情就在和谐的气氛下结束了。

如果我们知道免不了会遭受责备，何不抢先一步，自己先认错呢？听自己谴责自己不比挨人家的批评好受得多吗？

你要是知道有人想要或准备责备你，就自己先把对方要责备你的话说出来,那他就拿你没有办法了。十之八九他会以宽大、谅解的态度对待你,忽视你的错误,正如那位警察对待我和雷斯那样。

费丁南·华伦是一个卖艺术品的商人,曾使用这个办法,和一位暴躁的顾客化干戈为玉帛。

"精确而严谨的态度,在制作商业广告和出版品中是最重要的。"华伦先生事后说,"一些艺术编辑要求别人立刻实现他们设想,这样难免会发生一些偏差。我服务的某位艺术编辑就很挑剔,我从他的办公室出来时,心里总是很不舒服,倒不是因为他批评我,而是因为他对待我的方式。最近,我交了一件急件给他,他打电话说要我立刻到他办公室去,稿件有误。我到他办公室后,果然,他很高兴有了挑剔我的机会,而且满怀敌意。正在他滔滔不绝地数落我时,我运用了自我批评的方法。我说:'某某先生,你说得对,我的错误确实不可原谅,我为你工作了这么多年,还不知道怎么做,我真是不好意思。'

"于是他开始为我说话了:'你说得对,不过还没有那么严重。只是——'我马上插嘴道:'任何错误,都可能导致严重的后果,我怎么没看到呢?'我绝不让他为我开脱。这是我第一次因为批评自己而感到高兴。

"我说:'我应该更加细心,你给了我这么多的活,我却不能令你满意,我一定要重新做。'于是,他说不用那样麻烦，并夸奖起我的作品来，还说他再改一改就可以了，这点小错也不会让他的公司费几个钱。总之，小事一桩，不值一提。

"我的这种自我批评，不但使他没了脾气，而且他还请我吃了午饭，他又给我一张支票，让我再干别的活。"

当你坦然面对自己的错误时，会感到某种意义上的满足。因为这消除了自己的罪恶感，也在某种紧张的气氛下保护了自己，更有利于迅速准确地解决错误。

在香港卡耐基课程任教的麦克·庄告诉我们，某些时候应用某一项原则，可能比遵守一项古老的传统更为有益。他班上有一位中年同学，多年来他的儿子都不理他。这位做父亲的以前是个鸦片鬼，但是现在已经戒除了烟瘾。根据中国传统，年长的人不能够先承认错误。他认为他们父子要和好，必须由他的儿子采取主动。在这个课程刚开始的时候，他和班上同学谈到他从来没有见过的孙子孙女，以及他是如何地渴望和他的儿子团聚。他的同学都是中国人，了解他的欲望和古老传统之间的冲突。这位父亲觉得年轻人应该尊敬长者，并且认为他不让步是对的，而要等他的儿子来找他。

等到这个课程快结束的时候，这位做父亲的却改变了看法。"我仔细考虑了这个问题。"他说，"戴尔·卡耐基说：'如果你错了，你就应该马上并且明白地承认你的错误。'我现在要很快地承认错误已经太晚了，但是我还可以明白地承认我的错误。我错怪了我的儿子。他不来看我，以及把我赶出他的生活之外，是完全正确的。我去请求年幼的人原谅我，固然使我很丢脸，但是犯错误的是我，我有责任承认错误。"全班都为他鼓掌，并且完全支持他。在下一堂课中，他讲述他怎样到他儿子家里，请求并且得到了原谅，并且开始和他的儿子、媳妇，以及终于见到面的孙子孙女建立起新的关系。

艾柏·赫巴是会闹得满城风雨的最具独特风格的作家之一，他那尖酸的笔触经常惹起对手强烈的不满。但是赫巴那少见的为人处世技巧，常常将他的敌人变成朋友。

例如，当一些愤怒的读者写信给他，表示对他的某些文章不以为然，结尾又痛骂他一顿时，赫巴就如此回复：

回想起来，我也不完全同意自己。我昨天所写的东西，今天不见得全部满意。我很高兴知道你对这件事的看法。下回你在附近时，欢迎驾临，我们可以交换意见。遥致诚意。

赫巴谨上

面对一个这样对待你的人，你还能说什么呢？

当我们对的时候，我们就要试着温和地、技巧性地使对方同意我们的看法。而当我们错了——若是对自己诚实，这种情形十分普遍——就要迅速而热诚地承认。这种技巧不但能产生惊人的效果，而且，信不信由你，任何情形下，都要比为自己争辩还有用得多。

别忘了这句古语:"用争斗的方法,你绝不会得到满意的结果。但用让步的方法,收获会比预期的高出许多。"

没有人会踢一只死狗

◇如果你被人批评,那是因为批评你能给他一种满足感。这也说明你是有成就的,而且引人注意。

◇不合理的批评往往是一种掩饰了的赞美。

1929年,美国发生了一件震动全国教育界的大事,美国各地的学者都赶到芝加哥去看热闹。在几年之前,有个名叫罗勃·郝金斯的年轻人,半工半读地从耶鲁大学毕业,当过作家、伐木工人、家庭教师和卖成衣的售货员。现在,只经过了8年,他就被任命为美国第四有钱的大学——芝加哥大学的校长。他有多大?30岁!真叫人难以相信。老一辈的教育人士都大摇其头。人们对他的批评就像山崩落石一样一齐打在这位"神童"的头上,说他这样,说他那样——太年轻了,经验不够——说他的教育观念很不成熟,甚至各大报纸也参加了攻击。

在罗勃·郝金斯就任的那一天,有一个朋友对他的父亲说:"今天早上我看见报上的社论攻击你的儿子,真把我吓坏了。"

"不错,"郝金斯的父亲回答说,"话说得很凶。可是请记住,从来没有人会踢一只死了的狗。"

不错,这只狗愈重要,踢它的人愈能够感到满足。后来成为英王爱德华八世的温莎王子(即温莎公爵),他的屁股也被人狠狠地踢过。当时他在帝文夏的达特莫斯学院读书——这个学校相当于美国安那波里市的海军军官学校。温莎王子那时候才14岁,有一天,一位海军军官发现他在哭,就问他有什么事情。他起先不肯说,可是终于说了真话:他被军官学校的学生踢了。指挥官把所有的学生召集起来,向他们解释王子并没有告状,可是他想晓得为什么这些人要这样虐待温莎王子。

大家推诿拖延又支吾了半天之后,这些学生终于承认说:等他们自己将来成了皇家海军的指挥官或舰长的时候,他们希望能够告诉人家,他们曾经踢过国王的屁股。

大概很少有人会认为耶鲁大学的校长是一个庸俗的人,可是有一位担任过耶鲁大学校长的摩太·道特,却竟然能够责骂一个竞选上了总统的人。"我们就会看见我们的妻子和女儿,成为合法卖淫的牺牲者。我们会大受羞辱,受到严重的损害。我们的自尊和德行都会消失殆尽,使人神共愤。"

这听起来很像对罪大恶极之人的痛责,是吗?其实不然,这是对托马斯·杰斐逊的公开抨击,也许你会问,是哪一个杰斐逊?难道是那个《独立宣言》的起草者,民主政体的守护圣徒托马斯·杰斐逊?不错,那人攻击的正是这位杰斐逊。

你知道哪一个美国人被骂为"伪善者""骗子"或"比杀

人凶手稍微好一点的人"？有份报纸的漫画描述这个人站在断头台前，台上的大刀正预备砍下他的头。当他被载往刑场行刑的时候，群众对着他叫骂。这个人是谁？是乔治·华盛顿。

因此，当你受到他人充满恶意的批评与攻击时，请记住平安快乐的第一大原则：

不用理它，因为没有人会踢一只死狗。

让批评随风而去

◇只要相信自己做得对，就不要在意别人怎么说。

◇林肯说："只要我不对任何攻评作出反应，这件事就会到此为止。"

◇史密德里·柏特勒说："有人骂我是黄狗、毒蛇、臭鼬……我不会掉转头去看是什么人在说这些话。"

◇凡事尽力而为，然后避开他人的批评之箭。

我们大多数人对不值一提的小事情都看得太过认真。我还记得在很多年以前，有一个从纽约《太阳报》来的记者，参加了我办的成人教育班的示范教学会，在会上攻击我和我的工作。我当时真是气坏了，认为这是他对我个人的一种侮辱。我打电话给《太阳报》执行委员会主席委尔·何吉斯，特别要求他刊登一篇文章，说明事实的真相，而不能这样嘲弄我。我当时下定决心要让犯罪的人受到适当的处罚。

现在我却对我当时的作为感到非常惭愧。我现在才了解，买那份报的人大概有一半不会看到那篇文章；看到的人里面又有一半会把它只当作一件小事情来看，而真正注意到这篇文章的人里面，又有一半在几个星期之后就把这件事整个忘记。

我现在才了解，一般人根本就不会想到你我，或是关心别人批评我们什么话，他们只会想他们自己——他们对自己的小问题的关心程度，要比能置你或我于死地的大消息高1000倍。

即使你和我被人家说了无聊的闲话，被人当作笑柄，被人骗了，或者被某一个我们最亲密的朋友给出卖了，也千万不要纵容自己自怜，应该提醒我们，想想耶稣基督所碰到的那些事情。他12个最亲密的友人里，有一个背叛了他，而他所贪图的赏金，如果折合我们现在的钱来算的话，也不过19美元；他最亲密的友人里另外还有一个，在他惹上麻烦的时候公开背弃了他，还3次表白他根本不认得耶稣，一面说还一面发誓。出卖他的人占了1/6，这就是耶稣所碰到的，为什么你我一定要希望我们的情况比他更好呢？

我在很多年前就已经发现，虽然我不能阻止别人对我作任何不公正的批评，我却可以做一件更重要的事：我可以决定是否要让我们自己受到那些不公正批评的干扰。

让我把这一点说得更清楚些：我并不赞成完全不理会所有的批评，正相反，我所说的只是不理会那些不公正的批评。

有一次，我问依莲娜·罗斯福，她如何处理那些不公正的批评——老天知道，她所受到的可真不少。她有过热心的朋友和凶猛的敌人，大概比任何一个在白宫住过的女人都要多得多。

她告诉我她小时候非常害羞，很怕别人说她什么。她对批评害怕得不得不去向她的姑妈，也就是老罗斯福的姐姐求助，她说："姑妈，我想做一件这样的事，可是我怕会受到批评。"

老罗斯福的姐姐正视着她说："不要管别人怎么说，只要你自己心里知道你是对的就行。"依莲娜·罗斯福告诉我，当她在多年后住进白宫时，这一个小小的忠告，还一直是她行事的原则。她告诉我，避免所有批评的唯一方法，就是："只要做你心里认为对的事——你反正是会受到批评的。'做也该死，不做也该死。'"这就是她对我的忠告。

逝去的马修当年还在华尔街40号美国国际公司任总裁，我问过他是否对别人的批评很敏感？他回答说："是的，我早年对这种事情特别敏感，当时急于要使公司里的每一个人都觉得我特别完美。要是他们不这样想的话，就会使我忧虑。只要哪一个人对我有些怨言，我就会想法子去取悦他。可是我所做的讨好他的事情，总会使另外一些人生气。然后等我想要补足这个人的时候，又会惹恼了其他的，最后我发觉，我越想去讨好别人，以避免别人对我的批评，就越会使我的敌人增加，因此最后我对自己说：只要你超群出众，你就肯定会受到批评，所以还是趁早适应这种情况的好。这一点对我帮助很大。从那以后，我就决定只尽我最大能力去做，而把我那把破伞收起来。让批评我的雨水从我身上流下去，而不是滴在我的脖子里。"

狄姆士·泰勒再进一步，他让批评的雨水流进他的脖子，而对这件事情大笑一番——而且当众这样。有一段时间，他在每个星期天下午纽约爱乐交响乐团举行的空中音乐会休息时间，发表音乐方面的评论。有一个女人写信给他，说他是"骗子、叛徒、毒蛇和白痴"。泰勒先生在他那本叫作《人与音乐》的书里说："我猜她只喜欢听音乐，不喜欢听讲话。"在第二个星期的广播节目里，泰勒先生把这封信宣读给好几百万听众听了几天后，他又收到这位太太写来的另外一封信。"表达她一点没有改变她的意见，"泰勒先生说，"她仍然觉得，我是一个骗子、叛徒、毒蛇和白痴。"我们实在不能不佩服用这种态度来接受批评的人，我们佩服他的沉着、毫不动摇的态度和他的幽默感。

林肯要不是学会了对那些谴责他的话置之不理，恐怕他早就承受不住内战的压力而崩溃了。他写下的怎样处理别人批评自己的方法，已经成为一篇文学意义上的经典之作。在"二战"期间，麦克阿瑟将军曾经把这些话抄写下来，挂在他总部写字桌的墙上，而英国首相丘吉尔也把这段话镶了边框，挂在他书房的墙上。这段话是这样的："假如我只是试着要去读——更不用说去回答所有对我的攻击，这店不如关了门，去做别的生意。我尽我所知的最好办法去做——也尽我所能去做，而我计划一直这样把事情做完。如果结果证明我是错的，那样即便花十倍的力来说我是对的，也没有什么用。"

用幽默化解危机

◇并非所有人都具有很强的攻击性，而有的人只是为了想要让别人发笑，以得到赞美，另外，他们会采用嘲弄的策略来引人注意。

◇如果你不喜欢被嘲弄，而且容易受到狙击的伤害，那么其实你非常容易成为狙击手的目标。

心理学研究表明，并非所有人都具有很强的攻击性，而有的人只不过是想要获得别人的注意。有时候只是因为想要让别人发笑，来得到赞美，另外，他们会采用嘲弄的策略来引人注意。

有时候这种"奚落的幽默"反而能增加彼此的友谊。在今天电视媒介处处存在的情况下，这被人称为情景喜剧。这种喜剧中每个人都无情地嘲弄别人，观众于是大笑不已，但是对真实的嘲弄一笑了之。但是有时候开玩笑的造谣，可能会造成致命的伤害。

让我们先来看下面一个实例。

达伦和杰伊同是工程师,而且又都在一家高科技公司任职。达伦的年纪比杰伊长5岁,而在公司的工龄也比杰伊多3年,众人都认为达伦升迁的可能性大。但是杰伊为人随和,工作努力,做事主动,并且有丰富的创造力。后来,他的努力终于获得上级的赏识而且得到回报了:他被提升为地区业务经理。

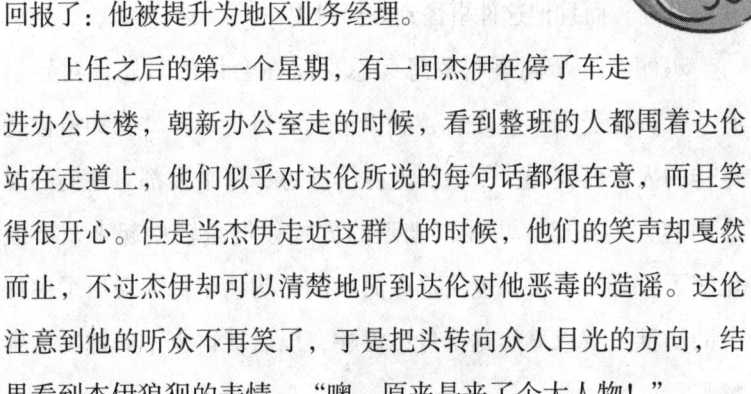

上任之后的第一个星期,有一回杰伊在停了车走进办公大楼,朝新办公室走的时候,看到整班的人都围着达伦站在走道上,他们似乎对达伦所说的每句话都很在意,而且笑得很开心。但是当杰伊走近这群人的时候,他们的笑声却戛然而止,不过杰伊却可以清楚地听到达伦对他恶毒的造谣。达伦注意到他的听众不再笑了,于是把头转向众人目光的方向,结果看到杰伊狼狈的表情:"噢,原来是来了个大人物!"

"我怎么会遭到这样的待遇?"杰伊自问,又想着对这位"造谣手"的攻击该怎样回应?

造谣行为背后的动机各有不同。有些人对事情的发展感到愤怒,有些人则会对阻碍计划的人怀恨在心并采取造谣行为。有些人会利用造谣来打击任何可能阻碍他们计划的人。有些人造谣的目的只不过是想获得别人的注意。

想要做完事情的人，如果遇到事情没有照计划进行，或是遇到受到他人阻挠的情形，可能会通过造谣的手段来消除异己。为了避免遭人报复，造谣手常常会采取在暗中行动。暗暗地使用一些无理的批评、讽刺的幽默、尖酸刻薄的口气和眼神等。造谣手也会说一些"张冠李戴"、风马牛不相及的话，使人摸不着头脑而出尽洋相，也就是说，他会把令人困惑当成是一种武器。

以达伦和杰伊的例子来说，达伦生气的原因就是自己没有获得升迁，而且把这件事怪到杰伊身上。

玛丽有一个同事叫罗恩，总喜欢在会议的时候针对她。有一天，在受到针对之后，她以天真的口气说："我知道你是这样的人，而我呢？"会议上除了罗恩，每个人都对他们的对话内容大笑不已。玛丽以幽默的方式让气氛轻松起来，不但化解了自己的不快，也从这么简单的一句话中让人看出了挑衅者的幼稚。罗恩显然觉得自讨没趣，以后就再也不对她发动挑衅了。

幽默是一个人应对危机的最佳态度。苏格拉底有一次在和自己的学生讨论哲学问题的时候，他的太太突然破门而入，当着众人的面，指着苏格拉底劈头盖脸地一顿臭骂，事后还不解气，将屋角的一盆凉水对着苏格拉底的头顶便浇了下去，众人都惊呆了。没有想到苏格拉底静静地擦了擦身上的水，微笑地说道："没什么，我知道打雷后通常都会下雨。"众人都被苏格拉底的幽默和睿智逗得大笑起来。一场尴尬一转眼便消解得无影无踪。

同样，生活中我们也难免会受到一些言语的攻击和伤害，如果我们能够以微笑应对，用幽默清洗不快，我们就会成为一个不被言语所伤的智者。

第十章

逆风飞扬,舞出生命精彩

有悲伤的地方才会有圣地

◇伟人,就是像神那样无畏的普通人。

◇为自己的错而悲伤的人有福,因为他们必定会得到安慰。

◇坐在幸福的椅垫上,人会睡着;在被奴役、被鞭打而受苦的时候,人才会得到学习一些事物和道理的机会。

要成功并不容易。想要获得成功的人得像风筝,与强风对抗,方能升向高空。立基于成功的信念,以便坚定向前,无惧于沿途所遭逢的困难。

确定你的信念能支持你在

迈向成功的旅程中,忍受一切艰难险阻。当你确知自己在做什么,当你有个明确的目标和实施计划,那么,你或许得与周遭的狂风搏斗,却不至于有被吹垮的顾虑。风势愈强,你会飞得愈高。

"你如果是贫穷的,你是幸福的,因为神是属于你们的。""为自己的错而悲伤的人有福了,因为他们必定会得到安慰。"这是《圣经》里的话。前句的意思,当然不用细说,只有贫穷的人,才了解神是照顾他们的。只有经过悲伤的人,才会成长。

19世纪,英国诗人奥斯卡·怀路曾在监狱服刑期间写过这样的话:

"有悲伤的地方,才有圣地,相信社会中的每一个人早晚都会了解到这一点!还未了解这一点之前,可以说那是他还不了解人生!"

也就是说,突破眼前的悲伤或痛苦之后,才能到达豁然的境界。

著有《睡着成功》这本书的美国牧师马非先生,也曾说过:"一切的灾祸中,一定匿藏着幸运的胚芽。"下面就是他写的一段文字:

"坐在幸福的椅垫上,人会睡着;在被奴役、被鞭打而受苦的时候,人才会得到学习一些事物和道理的机会。"

伟大的哲学家老子,也曾说过"祸兮,福所倚;福兮,祸所伏"的至理名言。年轻的朋友们，先看一看这个人的经历吧，他一定会给你许多启发。

1832年，他失业了；同一年里，他决心要做政治家，当上一名州议员，但不幸的是他的竞选又失败了。

于是，他又自己开办了一家店铺，可上帝总爱和他开玩笑。一年不到，店铺又倒闭了。他不得不在长达17年的时间里，为偿还债务而到处奔波，吃尽了苦头。

他又一次决定参加竞选州议员，这一次他成功了！但不幸并没有离他远去，第二年，在离他结婚仅有几个月的时候，他的未婚妻却不幸因病去世了，他也悲伤得卧床不起。次年，他因此而得了神经衰弱症。

两年之后，他又参加州议会的选举，可他又失败了。5年后，他又参加美国国会议员的选举，仍然是失败。

第二年，也就是1846年，他最终当上了国会议员，可在争取连任时，他却又一次落选了。

世上的失败事情几乎让他全撞上了：店铺倒闭，情人去世，竞选败北。他会怎么样呢？会不会放弃奋争呢？

现实中的他却没有服输。1854年，他竞选参议员，失败；1858年，再一次竞选参议员，仍然是失败！

他尝试了11次，可只成功了两次，但他一直没有放弃自己的追求，一直在做自己生活的主宰。1860年，他终于获得了成功，当选为美国总统。这个人就是林肯——美国历史上最伟大

的总统之一。

要是生命中每一项我们所求的事物,都只要花极少的努力就可以得到预期的结果,我们将什么也学不到,而生命也将索然无味。做什么事都成功,人将会变得多么傲慢自大!失败才能使人谦虚。当自己面对失败,要理性地劝慰自己:这是绝佳的学习机会,诚然不易,但这的确是难得的经验。

在克里米亚的一次战争中,有一枚炮弹击中一个城堡后,毁灭了一座美丽的花园。可在那个炮弹落下的深穴里,竟不住地流出泉水来,后来这里竟然成了一个永久不息的著名喷泉。同样,不幸与苦难,也会将我们的心灵炸破,而在那炸开的缝隙里,也会时刻流出奋斗前进的泉水来。

对于一个人来说,假使你年轻时便知道怎样对付打击,那么以后再碰到打击的时候,便能处置得更为适当些。

苦难失败往往会激发人的潜力，唤醒沉睡的雄狮，引人走上成功的道路。有勇气的人，会把逆境变为顺境，如同河蚌能将恼它的沙泥化成珍珠一样。

一个真正勇敢的人，愈为环境所迫，反而愈加奋勇，不战栗不逡巡，昂首挺胸，意志坚定；他敢于对付任何困难，轻视任何厄运，嘲笑任何障碍，因为贫穷困苦不足以伤他毫发，反而增强了他的意志、品格、力量与决心，这使他成为一个卓越的人。对于这样的人，命运绝无法阻挡他们的前程。

所以，年轻的朋友们，一定要记住奥斯卡给我们留下的诗句："有悲伤的地方，才有圣地。"

学会赢在失败

◇已经得到第一名的人，不会遇到比得第一名更荣耀的事了，对他而言，顶多只能继续保持第一名而已，而且还可能有降到第二名或第三名的不幸事件。相反，得到最后一名的人，对他来说，最坏的结果也只是最后一名而已，但有进步到倒数第二、第三名，甚至为第一名的可能。

◇那些能成功的人，只不过比别人多坚持了5分钟。

纵观人类历史上的伟人和杰出人物，他们中的相当一部分人曾经有过艰辛的童年生活，甚至还备受命运的虐待，但强者总是善于找到生命的支点。他们及时调整了自己的心态，坚韧地承受着生活的艰辛，在一贫如洗的岁月里安然走过，并用恒久的努力打破了重重的围困，在脱离了贫穷困苦的同时也脱离了平凡，造就了卓越与伟大。

所以你必须坚守原则，最后你将知道，你保住了自身所拥有的最重要的东西。

要是你曾仔细地反省自己，并研究那些你所钦慕的成功者的一生，你就会发现所有最好的机会，都发生在处于逆境的时候。因为只有在面对失败的可能时，才会想要做一根本的改变，从险中求胜。当你经历一些暂时的挫折，你也知道这只是暂时的，你就可以抓住逆境带来的机会。

世界上有许多人因为没有经历苦难的磨炼，激发不出他们体内潜伏着的力量来，因此他们的才能竟然得不到淋漓尽致的发挥。而只有努力奋进才能帮助人们达到成功的境地，只有尽力奋斗的人才会获得自己心中期望的东西。

芝加哥北密契根大道的一个地区现称为"富丽里"。1939年，那里的办公楼群可说是日暮途穷了。一座座大楼只有空荡荡的地板。一座楼出租出去一半就算是幸运的，这正是商业不景气的一年。消极的心态像乌云一般笼罩在芝加哥不动产商的心头。那时，你常可以听到这样一些论调："登广告毫无意义，根本就没有钱。""我们没有必要工作了。"然而就在这时，一位抱着积极心态的经理进入了这个景象阴翳的地区。他有一个想法，他立即行动起来了！

这个人受雇于西北互助人寿保险公司，前来管理该公司在北密契根大道上的一座大楼。公司是以取消抵押品的赎取权而获得这座大楼的。他开始担任这项工作时，这座大楼只出租了10%。但不到一年，他就使它全部租出去了，而且还有长长的待租人名单送到他的面前。这其中有什么秘密呢？新经理把无人租用办公室作为一个挑战，而不是作为一个不幸。我们访问他时，他介绍了他所做的事情：

"我清楚地知道我要干什么，我要使这些房间100%地租出去，在当时的情况下，要做到这一点是很难的。因此我必须把工作做到万无一失，必须做到下列5点：

"1. 要选择称心的房客。

"2. 要激发吸引力，给房客提供芝加哥市最漂亮的办公室。

"3. 租金要不高于他们现在所付的房租。

"4. 如果房客按为期一年的租约付给我们同样的月租，我就对他现在的租约负责。

"5. 除此以外，我要免费为房客装饰房间。我要雇用富有创造性的建筑师和内装工，改造我们大楼的办公室，以适合每个新房客的个人爱好。

"我通过推理，可以得到下列结果：

"1. 如果一个办公室在以后几年中不能出租，我们就不能从那个办公室得到收入,但如果照我的方法做,我们到年底可能得不到什么收益,但这种情况总不会比我们没有采取任何行动时的情况更糟。而我们的境况应该好,因为我们满足房客的需要,他们在未来的年份中会准时如数地交付房租。

"2. 出租办公室仅以一年为基数,这是已经形成了的习惯。在大多数情况下,房间仅仅只空几个月就可接纳新的房客。因此,得到租金的希望就不至于太落空。

"3. 在一所设备良好的大楼里,如果一个房客一定要在他租约满期的那一年的末期退租,也比较易于再租。免费装饰办公室也不会得不偿失,因为这会增加全楼的股票价值,结果极好。每一个新近装饰过的办公室似乎都比以前更为富丽堂皇。房客都很热心,许多房客花费了额外的费用。有一个房客在改建工作中就花费了2.2万美元。

"这座大楼开始时只租出10%,到年底便100%地租出了。没有一个房客在他的租约满期后想走的。他们很高兴住上了超摩登的新办公室。第一年的租约期满后,我们也没有提高租金;这样,我们就赢得了房客的信任和友情。"

现在让我们回顾一下这个故事的始末。有一个人面临着一个严重的问题。他手上有一座巨大的办公大楼,可是这座大楼9/10的办公室都是空闲未租。然而,在一年内这座大楼便100%地出租了。现在,就在它的隔壁左右,仍有几十座大楼是空荡荡的。

这两种情况之间的差别当然就是每座大楼的经理对这个问题所持的不同的心理态度。一种人说:"我有一个问题,那是很可怕的。"另一种人说:"我有一个问题,那是很好的!"

如果一个人能够抓住他的问题尚未显露出真相的好机会,洞察它并寻求解决,那么他就是懂得积极心态之要义的人。

如果一个人能形成一种行之有效的想法,并紧接着付诸实行,他就能把失败转变为成功。

简单地说,已经得到第一名的人,不会有比得到第一名更荣耀的事了,对他而言,顶多只能继续保持第一名而已,而且还有可能会降到第二名或第三名的不幸事件。相反地,得到最后一名的人,对他来说,最坏的结果也只是最后一名而已,但有进步为倒数第二、第三名的可能。困境对我们来说反而是一种刺激,而且可以激励我们的成长与进步。

这里所指的贫穷或富裕,当然不单独指经济上的因素,也可以说是失败和成功、堕落和成长,也就是一般人常说的"顺境与逆境"。日本著名作家谷口雅春先生在他的著作《你是无限能力者》一书中曾说过——"坠落才是机遇",其意义也是相同的。这些话,都是我们应该好好体会的。的确,如果一粒麦子不落地死亡,怎能再结出许多麦子呢?经历了越激烈的痛苦,在精神上、人格上,也会越早成熟、越早进步。

因此,一旦当我们面临困境时,不要畏惧退缩,心中只要牢牢记住一件事:不要被逆境所吞噬。纵使你面临着前所未有的激烈痛苦,也不要因此而被淹没。

"能够成功的人,只不过比别人多坚持了5分钟。"你我均应牢记这句话。

化劣势为优势

◇越研究那些有成就者的事业,人们就愈加深刻地感觉到,他们之中有非常多的人之所以成功,是因为开始的时候有一些会阻碍他们的缺陷,促使他们加倍地努力而得到更多的报偿。正如威廉·詹姆斯所说的:"我们的缺陷对我们有意外的帮助。"

◇如果你的A弦断了,就在其他三根弦上把曲子演奏完。

尼采对超人的定义是:"不

仅是在必要情况之下忍受一切,而且还要喜爱这种情况。"

越研究那些有成就者的事业,人们就愈加深刻地感觉到,他们之中有非常多的人之所以成功,是因为开始的时候有一些会阻碍他们的缺陷,促使他们加倍地努力而得到更多的报偿。正如威廉·詹姆斯所说的:"我们的缺陷对我们有意外的帮助。"

不错,很可能密尔顿就是因为瞎了眼,才能写出更好的诗篇来;而贝多芬是因为聋了,才能作出更好的曲子。

海伦·凯勒之所以能有光辉的成就,也就是因为她的瞎和聋。

如果柴可夫斯基不是那么的痛苦——他那个悲剧性的婚姻几乎使他濒临自杀的边缘——如果他自己的生活不是那么悲惨,他也许永远不能写出他那首不朽的《悲怆交响曲》。

"如果我不是有这样的残疾,"那个在地球上创造生命科学的基本概念的人写道,"我也许不会做到我所完成的这么多工作。"达尔文坦白承认他的残疾对他有意想不到的帮助。

达尔文在英国出生的那一天,另外一个孩子生在肯塔基州森林里的一个小木屋里,他的缺陷也对他有帮助。他的名字就是林肯——亚伯拉罕·林肯。如果他出生在一个贵族家庭,在哈佛大学法学院得到学位,而又有幸福美满的婚姻生活的话,他也许绝不可能在心底深处找出那些在盖茨堡所发表的不朽演说。他不会说出他第二次政治演说中所说的那句如诗般的名言——这是美国的统治者所说的最美也最高贵的话——"不要对任何人怀有恶意,而要对每一个人怀有爱……"

其实身材矮小何必自惭形秽?一位国际舞台上的名矮子对此自有一番高论。他名叫罗慕洛,长期担任菲律宾的外交部长,他身高也只有1.63米。面对高大的对方,他一点不自卑,却以此自豪。他写了一篇在世界上出名的文章,叫《愿生生世世为矮人》。现在附在下面,读了以后,你就会知道矮子确有矮子的好处。

有一次,在巴黎举行的联合国会议上,我和苏联代表团团长维辛斯基激辩。我讥刺他提出的建议是"开玩笑"。突然之间,维辛斯基把他所有轻蔑别人的天赋都向我发挥出来。他说:"你不过是个小国家的人罢了。"

在他看来,这就是辩论了。我的国家和他的相比,不过是地图上的一点而已。而且我自己穿了鞋子,身高只有1.63米。

即使在我家中,我也是矮子。我的4个儿子全比我高七八厘米。我的太太穿高跟鞋的时候,要比我高寸把。我们婚后,有一次她接受访问,曾谦虚地说:"我情愿躲在我丈夫的影子里,沾他的光。"一个熟悉的朋友就打趣地说:"这样的话,就没有多少地方好躲了。"

我身材矮小,和鼎鼎大名的人物在一起时,常常特别惹人注意。第二次世界大战期间,我是麦克阿瑟将军的副官,他比我高20厘米。那次登陆雷伊泰岛,我们一同上岸,新闻报道说:"麦克阿瑟将军从深及腰部的水中走上了岸,罗慕洛将军和他在一起。"一位专栏作家立即拍电报调查真相。他认为如果水深到麦克阿瑟将军的腰部,我就要淹死了。

我一生当中,常常想到高矮的问题。我但愿生生世世都做矮子。

这句话可能会使你诧异,许多矮子都因为身材而自惭形秽。我得承认,年轻的时候也穿过高底鞋,但用这个法子把身材加高实在不舒服,并不是身体上的,而是精神上的不舒服。

这种鞋子使我感到,我在自欺欺人,于是我再也不穿了。

其实这种鞋子剥夺了我天赋的一大便宜。因为:矮小的人起初总被人轻视,后来,他有了表现,别人就觉得出乎意料,不由得佩服起来,在他们心目中,他的成就格外出色。

有一年我在哥伦比亚大学参加辩论小组,初次明白了这个道理。我因为矮小,所以样子不像大学生,就像小学生。一开始,听众就为我鼓掌助威,在他们看来,我已经居于下风,而大多数人都喜欢看居下风的人得胜。

我一生的境遇都是如此。平平常常的事经我一做,往往就似乎成了惊天动地之举,因为大家对我毫不寄以希望。

1945年,联合国创立会议在旧金山举行,我以无足轻重的菲律宾代表团团长身份,应邀发表演说。讲台差不多和我一样高,等到大家静下来,我庄严地说出这一句话:"我们就把这个会场当作最后的战场吧。"全场登时寂然,接着爆发出一阵热烈的掌声。我放弃了预先准备好的演讲稿,畅所欲言,思如泉涌。后来,我在报上看到当时我说了这样一段话:"维护尊严,言辞和思想比枪炮更有力量……唯一牢不可破的防线是互助互谅的防线!"

这些话如果是大个子说的,听众可能客客气气地鼓一下掌。但菲律宾那时离独立还有一年,我又是矮子,由我说出来,就有意想不到的效果。从那天起,小小的菲律宾在联合国大会中就被各国当作资格十足的国家了。

矮子还占一种便宜:通常都特别会交朋友。人家总想维护我们,容易对我们推心置腹。大多数的矮子早年就都懂得:友谊和筋骨健硕、力量强大一样重要。

早在1935年,大多数的美国人还不知道我这个人,那时我应邀到圣母大学接受荣誉学位,并且发表演说,那天罗斯福总统也是演讲人。事后他笑吟吟地怪我"抢了美国总统的风头"。

我相信,身材矮小的人往往比高大的人富有"人情味"而平易近人。他们从小就知道自视绝不可太高,身材魁梧的人态度冷峻,别人会说他有"威仪"。但是矮小的人摆出这种架子来,大家就要说他"自大"了。

矮子如果稍有自知之明,很早就会明白脾气是不好随便乱发的。大个子发脾气,可能气势汹汹,矮子就只像在乱吵乱闹了。

一个人有没有用,和个子大小无关。身材矮小可能真有好处。历史上许多伟大的人物都是矮子。贝多芬和纳尔逊都只有1.63米高,但是他们和只有1.52米高的英国诗人济慈及哲学大师康德相比,已经算高大的了。

当然还有一位最著名的矮子是拿破仑。好些心理学家说,历史上之所以有拿破仑时代,完全是拿破仑的身材作祟。人们说,他因为矮小,所以要世人承认他真正是非常伟大的人物,失之东隅,收之桑榆。

本文一开始,我就提到苏联代表维辛斯基因为我胆敢批评他的国家而出言相讥的事,我不喜欢别人以为我任凭他侮辱矮子,而不加反驳。他一说完,我就跳起身来,告诉联合国大会的代表说,维辛斯基对我的形容是正确的,但是我又说:"此时此地,把真理之石向狂妄的巨人眉心掷去——使他们行为有些检点,是矮子的责任(《圣经》里的典故)!"

维辛斯基凶狠地瞪着眼,但是没有再说什么。

哈瑞·艾默生·福斯狄克在他那本《洞视一切》的书中说:"斯堪的纳维亚半岛人有一句俗话,我们都可以拿来鼓励自己:北风造就维京人。我们为什么会觉得,有一个很安全而且很舒服的生活,没有任何困难,舒适与轻闲,这些就能够使人变成好人或者很快乐呢?正相反,那些可怜自己的人会继续地可怜他们自己,即使舒舒服服躺在一个大垫子上的时候也不例外。可是在历史上,一个人的性格和他的幸福,却来自各种不同的环境,好的、坏的,只要他们肩负起他们个人的责任。所以我们再说一遍:北风造就维京人。"

假设我们颓丧到极点,觉得根本不可能把我们的柠檬做成柠檬水。那么,下面是我们为什么应该试一试的两点理由——这两点理由告诉我们,为什么我们只赚而不会赔。

理由第一条,我们可能成功。

理由第二条,即使我们没有成功,只是怀着要化负为正的企图,也就会使我们向前看而不会向后看。所以,用肯定的思想来替代否定的思想,能激发你的创造力,能刺激我们根本没有时间也没有兴趣去忧虑那些已经过去和已经完成的事情。

有一次,世界最有名的小提琴家欧利·布尔举行一次音乐会,他小提琴的A弦突然断了,可是欧利·布尔就用另外的那三根弦演奏完了那支曲子。"这就是生活,"哈瑞·艾默生·福斯狄克说,"如果你的A弦断了,就在其他三根弦上把曲子演奏完。"

这不仅是生活,这比生活更可贵——这是一次生命上的胜利。

不要认为自己一无所有

◇对于那些生来一无所有的年轻人，我想向他们表示祝贺，因为他们出生在一个令人荣耀的境地。这种环境注定了他们必须孜孜以求，不懈努力才能够改变自己的处境，才能出人头地。

◇如果我能够选择的话，我宁愿给一个年轻人留下一些磨难让他们去承受、去磨砺，而不是留给他们万能的金钱，让金钱成为他们的负担和重压。

美国钢铁大王安德鲁·卡内基在一次讲话中这么说过：

"对于那些生来一无所有的年轻人，我想向他们表示祝贺。因为他们出生在一个令人荣耀的境地，这种环境注定了他们必须孜孜以求、不懈努力，才能够改变自己的处境，才能出人头地。对于一个年轻人而言，他要挎的最重的篮子莫过于一个盛满了各种证券的篮子。他通常会让这个篮子压得摇摇晃晃、站立不稳。

"在我们的这个城市里有无数的青年，他们依靠自己的力量努力拼搏，站在了最优秀的人群的前列，成为对社会有用的公民。他们无愧于授予他们的所有荣誉。而大部分富豪的子孙们却难以抵制住先辈们留给他们的一大笔财富的诱惑，沦落为对社会没有任何价值的寄生虫。

"如果我能够选择的话,我宁愿给一个年轻人留下一些磨难让他去承受、去磨砺,而不是留给他万能的金钱,让金钱成为他的负担和重压。值得你们害怕的竞争对手不是来自这个富有的阶层,不是你的那些富有的合作伙伴的后代子孙们,你要时刻警惕的竞争对手是那些来自贫穷家庭的青年们,那些比你还要贫穷的青年人,他们的父母甚至没有能力负担他们在这个学院里上一门课的费用,而你们却拥有这个,能够让你们在自己的同类中有了立于前排的决定性优势。

"你们要重视这些看来不可能在你这一个职位上向你挑战或是超越你的年轻人,不要轻视那些从普通学校里走出来,一头扎进工作中的年轻人,也不要轻视那些在办公室里干诸如端茶扫地一类最简单工作的年轻人,他很可能就是一匹黑马,你最好还是密切注意他,终有一天他会向你挑战的。"

1913年1月5日,凯蒙斯·威尔逊诞生于美国南方孟菲斯市西北的奥西奥拉小城镇。他的父亲查尔斯·凯蒙斯·威尔逊曾在海军服役,当一名司炉工和办事员,后来离开了海军,在国民人寿和意外事故保险公司工作,推销保险。由于工作出色,于1912年接受公司的委派,前往奥西奥拉,在那里开设一个办事处。他的母亲多尔·威尔逊出生在孟菲斯市一个十分贫困的家庭,她十多岁时就去当卖杂货的营业员。他们的小男孩出生了,这时对于这位年纪轻轻又有雄心壮志的保险代理人及其新娘来说,前途看来一片灿烂光明。他们给儿子取名为小查尔斯·凯蒙斯·威尔逊。

可是,仅仅9个月后,悲剧突然袭来。29岁的老凯蒙斯患了重病,是得了一种叫作肌肉萎缩性侧索硬化症的不治之症,支配肌肉运动的神经细胞出现病变衰退,非常痛苦。1913年10月4日,他还来不及看到自己的儿子过3周岁生日便去世了,并留下多尔——年方18岁就成了寡妇和单身母亲。

老凯蒙斯有预见,生前买了一份保价为2000美元的保险单,死后赔款付给多尔。这笔钱在1913年时是一笔可观的金额。可是,一名没有道德的丧葬用品销售商在同多尔打交道时,利用了年轻寡妇的悲痛心情,劝说她给亡夫大办丧事,从而把根据保险单得到的全部款项耗用殆尽。老凯蒙斯的墓葬颇有气魄,但丧事过后,多尔几乎分文不剩。

正是在那个年代、那个地方,一个年方18岁的寡妇几乎身无分文,却下定主意:任何艰难困苦都阻挡不住自己抚养儿子,并把他培养成将来在世界上有所建树、留下印记的人。

多尔带着她的婴儿回到了孟菲斯市,迁往沃特

金斯北街336号自己的母亲处居住。在取得政府补助之前的那段日子里,多尔别无选择,只有走出家门去工作,以养活自己和年幼的儿子。威尔逊后来回忆说:"我的母亲找到了一份工作,给一位牙医当助手,每周工资11美元。后来,她当上了一名簿记员。可是,她一个月的收入从来没有超过125美元。此情此景,你能想象得出吗?回首当年,那是何等艰难的岁月,真是度日如年啊!"

在这种困窘的生活环境下,凯蒙斯·威尔逊在年幼时就开始干活挣钱了。经过艰辛的创业历程,威尔逊经营过爆玉米花和弹球机,经营过电影院,幼年艰苦的生活使他成为孟菲斯市最坚定不移、蒸蒸日上的青年企业家之一,而立之年未过,便已创下庞大的事业。

纵观那些世界知名企业家的成功历程,我们会发现他们无一例外都是从一无所有的困境中白手起家,依靠自己坚韧的品质和不懈的努力,创下了引以为傲的世界,由命运的弃儿变成众人称羡的天之骄子。因此,如果你觉得命运对自己太不公平,请记住下面一句话:

苦难是金,不要认为自己一无所有。

当太阳升起时再度充满精神

◇要树立对自己的信心,对于每一次的挫折与失败,都要微笑地面对,不要害怕,不要退后,因为毕竟你才是自己的主宰。

◇成功者之所以成功,正是在于他们不惧怕失败,能在失败之后重新鼓起奋斗的勇气。

一个身处逆境却依旧能含着笑的人,要比一个陷入困境就立即崩溃的人获益更多。处逆境而乐观的人,才具有获得成功的潜质,并且要比一般人更强;而有好多人往往一处逆境,便立刻会感到沮丧,因此达不到他们的目的。

在通往成功的道路上,能不能经得住失败的考验,决定了能否达到成功的目标。有的人因为失败而徘徊不前,悲观失望,他们往往会由于害怕失败而遭受到更多的失败,最终落于人后;有的人却是微笑地面对失败,从哪里跌倒再从哪里爬起来,用信心和勇气来战胜失败,他们往往都是踏上了成功巅峰的出类拔萃的人。

在我们的社会上,绝没有郁郁不乐者、忧愁不堪者或陷于绝望者的地位。如果一个人在他

人面前总是表现出郁郁不乐，就没有人愿意同他在一起，人们都要避而远之。

许多人在疲累或沮丧的时候，会面对自己日常的工作而感到困惑："究竟我做的这一切有什么用处？"

在这里，我把自己一生所获得的最切实的感受告诉大家：

"要树立自己的信心，对于每一次的挫折与失败，都要微笑地面对，不要害怕，不要后退，因为毕竟你才是自己的主宰。"

在经过对无数成功者成功秘诀的深入探讨之后，我们更有理由相信这一点："成功者之所以成功，正是在于他们不惧怕失败，能在失败之后重新鼓起奋斗的勇气。"

只有在现实生活中拥有百折不挠的勇气的人，才能深刻地领会"失败是成功之母"这句话的真正含义。

1510年，帕里斯出生在法国南部，他一直从事玻璃制造业，直到有一天看到一只精美绝伦的意大利彩陶茶杯。这一下，改变了他一生的命运。

"我也要造出这样美丽的彩陶。"这是他当时唯一的信念。

他建起烤炉，买来陶罐，打成碎片，开始摸索着进行烧制。

几年下来，碎陶片堆得像小山一样，可他心目中的彩陶却仍不见踪影，他甚至无米下锅了。他只得回去重操旧业，挣钱来生活。

他赚了一笔钱后，又烧了3年，碎陶片又在砖炉旁堆成了山，可仍然没有结果。

以后连续几年，他挣钱买燃料和其他材料，不断地试验，都没有成功。

长期的失败使人们对他产生了看法。都说他愚蠢，是个大傻瓜，连家里人也开始埋怨他。他也只是默默地承受。

试验又开始了，他十多天都没有脱衣服，日夜守在炉旁。

燃料不够了。他拆了院子里的木栅栏，怎么也不能让火停下来呀！

又不够了！他搬出了家具，劈开，扔进炉子里。

还是不够，他又开始拆屋子里的木板。噼噼啪啪的爆裂声和妻子儿女们的哭声，让人听了鼻子都是酸酸的。

马上就可以出炉了，多年的心血就要有回报了，可就在这时，只听炉内"嘭"的一声，不知是什么爆裂了。所有的产品都沾染上了黑点，全成了次品。

眼看到手的成功，又失败了！

帕里斯也感受到了巨大的打击，他独自一人到田野里漫无目的地走着。不知走了多长时间，优美的大自然终于使他恢复了心里的平静，他平静地又开始了下一次试验。

经过16年无数次的艰辛历程，他终于成功了，而这一刻，他却一片平静。

他的作品成了稀世珍宝，价值连城，艺术家们争相收藏。他烧制的彩陶瓦，至今仍在法国的卢浮宫上闪耀着光芒。

帕里斯的成功之路是艰辛而漫长的。他的成功来得何等不易。在一次又一次的失败中一次又一次地重新站起，这正是帕里斯的成功所在。

影响人类成功最坏的敌人，便是思想的不健康，便是以沮丧的心情来怀疑自己的生命。其实，一切事情，全靠我们的勇气，和我们对自己有信仰，全靠我们对自己有一个乐观的态度。唯有如此，方能成功。然而一般人处于逆境的时候，或是碰到沮丧的事情，处于充满凶险的境地时，他们往往会让恐惧、怀疑、失望的思想来捣乱，于是丧失了自己的意志，以致使自己多年以来的计划毁于一旦。有很多人如同从井底向上爬的青蛙，辛辛苦苦向上爬，但是一旦失足，就前功尽弃。

一个在思想心智上训练有素的人，能够做到在几分钟内从忧愁的思想中解脱出来。但是大多数人却不能排除忧愁去接受快乐，不能消除悲观去接受乐观。他们把心灵的大门紧紧地封闭起来，虽然费力在那里挣扎，却没什么成效。

人在忧郁沮丧的时候，要尽量改换自己的环境。但是，对于使自己痛苦的问题，不要过多去思考，不要让它再占据你的心灵，而要尽力想着最快乐的事情。对待他人，也要表现出最仁慈、最亲热的态度，说出最和善、最快乐的话，要努力以快乐的情绪去感染你周围的人。

这样做了以后，思想上黑暗的影子，必将离你而去，而那快乐的阳光将映照你的一生。

诗人马伦在一篇名为《机会》的诗中写出了积极心态的力量：

我哭不是因为失去了宝贵的机会；
　　我流泪不是因为精华岁月已成云烟；
　　每天晚上我都烧毁当天的记录；
　　当太阳升起又再度充满了精神。
　　像个小孩子似的嘲笑已顺利完成的光彩，
　　对消失的欢乐不闻不问；
　　我的思考力不再让逝去的岁月重回眼前；
　　但却尽情地迎向未来。

　　恐惧、自我设限以及接受失败，最后只会像莎士比亚所说的使你"困在沙洲和痛苦之中"，但是你可借着信心、积极心态和明确目标来克服这些消极心态。

　　如果你能在失败之后，重新鼓起奋争的勇气，你就会离成功越来越近。而做到这一点，则取决于你积极的心态。面对失败时，要记住让自己的灵魂"在太阳升起时再度充满精神"。

第十一章

拥有美好的家庭生活

为什么婚姻会出现问题

◇当你的婚姻出现裂痕时,你是意气用事、大吵一顿,还是心平气和地问问自己:"为什么婚姻会出问题?"

狄克斯是关于婚姻问题的美国第一权威,他宣称50%以上的婚姻是失败的,他知道这么多罗曼史的梦,会在离婚的石上撞碎的一个原因,就是因为批评——令人心碎的批评。所以如果你要保持你的家庭生活快乐,记住不要批评。除了批评,事实上我们还有更多的事情要做。

美国杂志在1933年6月刊出艾麦特·克鲁西一篇叫作《婚姻为什么出问题》的文章。下面这些问题，就是从这篇文章中转载过来的。当你回答这些问题的时候，你或许会发现这些问题很值得一答。如果每个问题你的答案是"是"的话，一题就可得10分。

问丈夫的问题：

1. 你是否还在"追求"你的太太？如偶尔送她一束花，记住她的生日和结婚纪念日，或出乎她意料的殷勤，非她所预期的体贴。

2. 你是否注意永远不在他人面前批评她？

3. 除了家庭开支以外，你是否还给她一些钱，让她随意使用？

4. 你是否花时间去了解她各种女性方面的情绪问题，并帮助她度过疲倦、紧张和不安的时期？

5. 你是否至少空出你一半的娱乐时间，跟你太太共度？

6. 除了可以显示她的长处，你是否机智地避免将你太太的烹调手艺和理家本领跟你母亲或某人的太太相比较？

7. 对于她的生活，她的俱乐部和社团，她所看的书，和她对地方行政的看法，你是否也有一定的兴趣？

8. 你是否能够让她和其他男人跳舞，接受他们的友谊照顾，而不会说些吃醋的话？

9. 你是否经常注意找机会夸奖她，表示你对她的赞赏？

10. 关于她为你做的小事情，如缝纽扣、补袜子、把衣服送去洗，你是否会谢谢她？

问太太的问题：

1. 你会让丈夫在处理他自己的工作方面有完全的自由吗？比如尽量不去议论和他交往的人、他选的秘书，给他一定的自由时间等。

2. 你是否使家庭更有情趣？

3. 你是否在做饭时，经常注意调节搭配？

4. 你是否对你丈夫的事业有一定的了解，能和他做良性的探讨？

5. 你是否能勇敢地、愉快地面对家庭财政出现的危机，而且不会抓住他的错误不放，或用不满的态度把他和成功的人作比较？

6. 你是否会尽力地和他的母亲或其他亲戚很好地相处？

7. 你在买衣服时，是否考虑他对颜色和样式喜不喜欢？

8. 你是否会为了家庭和睦，而不那么固执己见？

9. 你是否培养一些丈夫爱好的兴趣，能和他一起玩得很高兴？

10. 你是否注意社会上新的信息，以便能和丈夫有趣地交流？

婚姻是幸福的温床

◇步入婚姻的殿堂比单身生活更有安全感，尽管两个人生活不一定更舒适，但它确实更令人感到安全。

◇最伟大的英雄行为都成于四壁之内——家庭的隐秘当中。

"爱与被爱都是世界上最美好、最幸福的感觉。"19世纪俄国最伟大的作家托尔斯泰曾这样说过。

霍尔姆斯说："美是伟大的，但是衣物、房子和家具之美仅仅是用于衬托家庭之爱的装饰，即使把世界上所有华丽的东西堆积起来都比不上一个美好的家庭。因此，我将对自己的家庭更多地付出我的真爱，哪怕一点点，也胜过很多的家具和世界上所有的设计师能够提供的最华丽的物品。"

一位思想家曾说过，女人是来自天堂的珍贵礼物，带着连无所不能的上帝都无法给予的伟大的爱；她会净化、抚慰和照亮我们的家庭、社会和国家；很少有人能意识到女人的这些价值，除非那个人的母亲与他共同生活了相当长的时间，或是因为发生了一些重大的人生变故，当他连续失意、遭到所有人的抛弃时，他的妻子却坚定地站在他的身边，使他重新树立了对生活的全新信念，才会使他明白。

稳固的婚姻，使男女之间建立了一种在两性之间无法用其他方式建立的情感和兴趣的联系。

拉法耶特将军在美国时,认识了两个年轻人。"你结婚了吗?"拉法耶特将军问其中一个。"是的,长官。"这位年轻人回答说。"你是个幸福的男人。"拉法耶特将军说。随后,他用同样的问题问了另一个年轻人,得到的回答是:"我还是一个单身汉。""多么不幸的家伙啊!"将军说。这就是对婚姻问题的最好评论。

有一些男人从来没有结婚,而且按通常的标准来衡量,他们的生活是成功的。但是,那些了解他们或者详细阅读过他们资料的人会感到,这样的人生尽管成功却算不上完整。

"'家'这个词包含着许多内容,"一位诗人说,"它可以唤醒我们心中最美好的情感,不仅仅是给予你'家'的亲人们才会使你感到亲切,而且从小居住地周围的小山、岩石、小溪也会使人迷恋。弹起悠扬的竖琴,唱起'家,甜蜜的家',这是多么自然而然的感觉。"饱含感情的路德在谈及他的妻子时说:"只要和她在一起,即便再怎么清贫,我也甘之如饴;如果失去她的话,万贯家财对我也毫无意义。"

首先,家庭幸福需要相互了解。

要幸福,就要了解别人。要认识到别人不会和你完全相同。他不可能和你一样思考,他所喜欢的东西不一定就是你所喜欢的东西。当你认识到这一点时,你更易于发展积极的心态,更易于做一些事情,使得别人能作出称心的反应。

　　磁铁相反的两极互相吸引，而具备相反性格特点的人们也是这样。他们时常会互相吸引，互相补充、加强和完善。他们联合以后，便可融合他们的性格，这样，每个人的缺点也就互相抵消了。

　　假如你同一个性格恰好与你相同的人结了婚，你会感觉幸福和受到鼓舞吗？你如果作出真实的回答，那也许是"不"。

　　同样，父母和子女之间也应当通过互相了解，增进沟通。家庭中许多不幸正是因为孩子们不了解、不尊重他们的父母所造成的。但这是谁的过失呢？是孩子的，还是父母的？或者是双方的？

　　不久以前，在一次培训课结束之后，我曾和一位大企业的总裁单独做了一次交谈。这位大企业家因为工作卓越，大名曾出现在美国各大报显要的版面上，但是，在我见到他的那一天，他却满脸忧愁，无精打采，事业上的风光并不能掩盖他生活中的失败。"没有人喜欢我！甚至我的孩子们也恨我！这是为何呢？"他问道。

实际上，他是一个心地善良的人。他给了孩子们金钱所可能买到的所有东西，为他们创造了安逸的生活。但是，他灭绝了孩子们奋斗的必要性，让他们不再像他过去那样必须进行奋斗。当他的儿女还是孩子的时候，他从未要求或盼望他们尊重他，而他也从未得到过尊重。然而他确定，孩子们了解他，并不必要努力去探索。

事情本来会与此迥然不同，假如他真的教育孩子们要尊重人，并且至少部分地依靠艰苦奋斗，依靠自己的力量安排自己的生活。他给了孩子们幸福，却没有教育他们使别人幸福，因而使自己更幸福。假如在他们成长的时候，他就信任他们，并且告诉他们，为了他们的利益，自己曾历尽坎坷，或许他们早就更加了解他了。

可是，这位企业家，或者和他处在同样境况中的任何人，没有必要依然处在不愉快中。他能把他法宝的积极的心态那一面翻过来，尽力使自己为他亲爱的人所熟悉和了解。

假如他能表明他热爱孩子的方式是同他们分享他自己的优点，而不是只给他们提供那些物质的东西；假如他能同他们自由地分享他的优点，正像分享他的金钱一样，他就会体验到孩子们由于爱和了解所回报的丰富报酬。

其次，用语言浇开幸福之花。

无论你是谁,你都能够是一个绝妙的人!但是某些个别的人可能不这样想。假如你觉得他们对于你所说的话、所做的事反应不当,并含有不应有的对立,你对这事就要采取一些措施。他们,正与你一样,也是通情达理的。

别人对你作出的令人不快乐的反应,可能是因为你所说的话以及你说这些话的方式或态度不当。话音经常能反映说话人的语气、态度和心中潜在的思想。你要认识到过失在于你,这可能是困难的,当你认识到过失确实在于你时,你要采取主动,改正错误,这或许是同样困难的——可是你能做到这一点。

假如别人说的话或者说话的方式使你的感情受到伤害,那就很可能是因为你自己说了什么错话或者说话的方式不对而冒犯了别人。断定了你的感情受到伤害的真正原因,你才能避免使得别人作出同样的反应。

假如你发觉某人对你说话的声调和态度不大喜欢,你就应该避免使用这样的声调和态度,以免冒犯别人。

假如某人用一种发怒的声音向你叫喊而使你感觉十分不快,你就要想到假如你用那种声音对别人叫喊,也会使别人感到不快——即便他是你5岁的儿子,或者很亲密的亲戚。

假如一个人误解了你的好意,你就该表明你的真心,以消除误会。假如你喜欢受到称赞,假如你喜欢人家记住你,如果你得悉某人在怀念你,你就觉得愉快。你应该确信:假如你称赞别人,或者写一封短信,让他们了解你在想念他们,他们一定是很高兴的。

再次，利用书信增进幸福。

彼此分离的人，假如常有书信往来，反而会觉得更亲密。有许多分居两地的人之所以举行了婚礼，就是因为在分别之后，他们的爱情通过书信反而变得更深厚的缘故。

你要写信，就一定思考，把你的思想提炼在纸上。你能够借助回忆过去、分析现在和展望将来发展你的想象力。你越是常写信，你就越对写信感兴趣。你写信时最好采用提问的方式，这样，易使收信人给你回信。当他回信的时候，他就成了作者，你就能够体验到收信人的欢乐。

你的收信人是依据你的思路进行思考的。假如你的信是经过周详考虑写下的，它就能使收信人的理智和情绪沿着你指引的路径前进。收信人读你的信时，信中令人鼓舞的思想被记录在他的下意识心理中，将不可磨灭地深印在他的记忆里。

最后，乐在知足。

有一位作家写过一篇文章，它的标题是《满足》。我觉得它可能会给你带来一定的启发，下面是我对其中一些精辟见解的摘录：

全世界最富有的人住在"幸福谷"。

他富有历久不衰的人生理想，富有他所不能失去的东西，这些东西可以给他提供满足、健康、宁静的心情和内心的谐和。

以下是他的财产清单，它们本身明确了他是怎样获得这些财产的：

我获得幸福的办法就是帮助别人获得幸福。

我获得健康的办法就是生活有节制，我只吃维持我的身体健康所必需的食物。

我不怨恨任何人，不嫉妒任何人，而是热爱和尊敬全人类。

我从事我所喜爱的劳动，我还把游戏与劳动相结合，所以我很少感到疲劳。我每天祈祷，不是为了更多的财富，而是为了更多的智慧，用以认识、利用、享受我所已经拥有的诸多财富。

我不应用辱骂的语言。我不要求所有人的恩赐，只要求我有权把我的幸事分享给那些需要帮助的人。

我和我良心的关系良好，所以它总是指导我正确处理一切事情。我所拥有的物质财富多于我的需要，因为我清除了贪婪之心。

我的财富取自因分享了我的幸福而受益的那些人。

我所拥有的"幸福谷"的资产当然是不能课税的。

它主要以无形财富的形式存在于我的心里，这种财富无法估计价值，也不能被占用，除去那些能接受我的生活方式的人。我用了一生的时间，尽力观察自然的规律，形成了遵循自然规律的习惯，因而创造了这种财产。

"幸福谷"中的人的成功信条是没有版权的。这些信条也可以给你带来智慧、宁静和满足。

认识爱情，结识幸福

◇一个享受爱情的人，就像一艘加满燃料和食物、淡水的船只，有足够的信心和力量向自己的目标行驶。

◇爱情是人生重要的生活领域之一。我们只有正确地认识爱情，才能更好地享受爱情。

爱情是人生重要的生活领域之一。

人从少年时代开始朦胧地产生了爱情，它也许会历经磨难，饱受沧桑，但是它会持续到人生的最后一刻……

爱情生活，决不只是局限在家庭范围内，停留在休闲时间里，它会融进人的所有的领域，所有的时间里。谁都知道，一个享受爱情的人，会在精神上怎样地满足。他就像一艘加满燃料和食物、淡水的船只，有足够的信心和力量向自己的目标行驶。

那么，一对男女为什么会互相倾慕，也就是说，爱情的动力是什么呢？

人是自然界的人，那么人就具有自然性，自然性表现在两个方面，其一就是人和其他动物一样有生存的欲望，延续种族的需要是生命意志的最高表现。这种需要深深地埋藏在每一个发育正常的人身上。到成年时，人们对这种欲望要求得非常迫切，如果缺乏这方面的满足，就会影响人们身体和精神的健康。由此可见，爱情首先具有一种自然属性。人同时又是社会的人，因而，包括爱情，其本质属性是社会性。爱情的本质属性——社会性表现在以下几个方面：一是爱情中爱的力量是从非性欲的爱的素养中培养出来的，爱情中的主要动力并不是来源于性欲。一个人，如果不爱他的父母、同志和朋友，他就永远不会爱他所选来作为爱人的那个人；他的非性欲的爱范围越广，他们的爱情价值就越高。二是爱情关系是一种由自然关系连接起来的人与人之间最亲密的特殊的社会关系，是历史的、具体的，是随着社会的发展而不断向前发展的。三是爱情把两个人的命运紧密联系在一起。四是爱情的表达方式是具有社会性的，它是以一种丰富的不断变化的社会方式进行的。

以上这一切，都说明爱情和社会性是紧密相连的，其本质属性是社会性。由此可见，禁欲主义和纵欲主义都是错误的。事实上，禁欲主义根本无视人的自然欲望，从而也就否定了人类社会本身，因为社会的人是由自然的人发展而来的；纵欲主义则片面强调人的自然欲望的合理性，把人的本来是具有社会意义的爱情和性行为，完全等同于动物的本能冲动，根本否定了人的社会存在本质，颠倒了自然性和社会性的关系。社会学家认为，两性间的爱情不但是人的生理欲望的满足，而且上升到精神的需求，它不再由性欲支配，而体现了人性的特征。

我们知道，爱情是两个异性间感情的升华，为两个异性间共同拥有的。因而，爱情与相爱双方的个人素质特别是思想道德素质有着直接的关系。

爱情作为一种社会关系，具有双重的价值，一方面，具有个人价值，它体现在有利于双方的身心健康和全面发展上。另一方面，爱情又具有社会价值，它体现在有利于社会风貌的进步和文明程度的提高上。

爱情作为一种社会关系，首先表现为一种特殊关系。相爱的男女双方彼此依存、彼此渗透，促进着相爱双方的身心健康和全面发展，从而形成了爱情的个人价值。爱情从个人价值来说，是爱者（爱情主体）和被爱者（爱情客体）之间的关系，它表明了被爱者对爱者的意义。在爱情中，男女双方各自既是爱情客体，又是爱情主体；既是爱者，又是被爱者；既有爱的需求，又能满足爱的需求。相爱的男女双方，从爱情主体来说，对方所给予的，正是自己所需求的；从爱情客体来说，自己所给予对方的，正是对方所需求的。因此，爱情价值绝对不同于一般的价值，它表现为相爱双方的需求和满足这种需求的行为、活动及方式的统一。真正的爱情，不是单纯的给予，也不是单纯的满足，而是给予和满足的统一。

爱情从社会价值来说，是相爱双方和社会之间的关系，它表明爱情对社会的意义。如果相爱双方的个人自身需求与社会发展的需求相一致，爱情就具有崇高的社会价值，就有利于社会的发展，同时还有利于社会文明程度的提高。从根本上说，爱情的个人价值与社会价值具有一致性。凡是有利于相爱双方身心健康和全面发展的爱情，必将有利于社会的进步和社会文明程度的提高。但是，爱情的个人价值有时和社会价值也存在矛盾。因为爱情的主客体的个人利益和社会的整体利益，或多或少存在不一致的情况。因此，为了保持和真正实现爱情的价值，每一对相爱的男女都应当注意社会发展和自己需求的关系，要及时引导和调整自身的需要，使其与社会发展相一致，而不要为所欲为。

每天增进爱情的深度

◇如果没有爱情，成功又有什么意义呢？缺乏爱情，财富和权势也就等于废物和灰烬了。

◇爱情是一种精神食粮，我们的精神靠着它生存和成长，如果没有爱情，我们的心就变得乏味。

◇爱情在人类社会里的潜力就像原子能那样大。爱情能够产生，而且的确每天都产生着奇迹。

"小孩子觉得没有人爱他，这

是少年犯罪的主要原因之一。"纽约市少年家庭董事会秘书、社会工作专家艾西尔·H.怀特先生在社会工作讨论会上说了这样的话。

我和我的妻子发觉这种说法是正确的,我们曾经在奥克拉荷马州艾尔·雷诺的联邦少年感化院,对少年犯们讲授有关人际关系的课程。

渴望爱,似乎是所有这些不幸的孩子们的普遍问题。有个少年说,他的母亲从不给他回信,后来他写信告诉他母亲,说他正在上一些课,这些课程使他觉得已经把自己的外貌改变得比以前好多了。不久他母亲写信给他,说她认为没有东西能够对他有好处——监狱是他最适合去的地方。

另一个男孩,19岁男孩汤米,他的生命里有10年以上的时间是在孤儿院和感化院度过。他说:"我们最需要的,就是有人来爱我们。但是从来就没有人爱我或要我。在我16岁以前,我没有得到过一件圣诞礼物。"

毫无疑问,这些忍受着情感缺乏的孩子们,常常会开始犯罪,以补偿这种基本的缺陷——就像一个饿昏了的人,当他找不到食物的时候,他也会吃下对身体有害的杂物的。

爱是一种最适当的食粮,我们的精神靠着它生存和成长,如果没有爱情,我们的道德心就会弯曲变质。

真的,爱在人类社会里的潜力,就如同原子能那样大。爱情能够产生,而且的确每天都产生了奇迹。你给你丈夫的爱,是他成功的基本因素——因为，如果你真心爱他，你就会心甘情愿地尽你所能去做每一件事，使他快乐或成功。

那么，我们怎样做才能提升爱情的深度呢？以下有一些特殊的建议：

1. 每天都要表现出爱心

最可悲的事情，就是在事情过了以后才发觉自己曾经享受过人生最珍贵的东西。

许多女人碰到危机的时候，都能够高明地应付自如，但可悲的是，她却很少知道带给丈夫最渴望的每天的爱情面包。假使丈夫失业了、患上结核病或是被关进监狱时，这位小女士都能够像直布罗陀海峡的岩石那么坚强，不断地帮助丈夫；而当生活正常平稳地进行的时候，妻子就忘了告诉她的丈夫：你在我的心目中是何等重要。

大部分的女人相信，她们是应该被爱护、听人讲些甜言蜜语的。

曾经有人把夫妻间对爱情的冷淡叫作"精神食粮不足"。这是一个很恰当的比喻。因为，男人不是只靠面包就活得下去；有时候，他也需要一块爱的蛋

糕——还要在上面加一点糖霜。

2. 培养一种好心情——把事情看开一点

有责任心的妻子,常常会患有一种完美主义者的毛病。孩子们的行为总是要管教好;晚餐要做得美味可口;家里要一尘不染。完美主义者常常过分注重细节,而忽略了重要的大事。事情发生的时候,要以好的心情去接受,不要把小事搅得天翻地覆,这样就可以增强夫妻之间的爱情。

3. 要有宽大的胸怀

没有其他的事情,能够像互相深爱的人结婚那么迷人。爱情就是给予,要给得丰富与慷慨。有些妻子愿意在许多事情上作出牺牲,但是却常常在许多小地方缺乏精神上的慷慨——例如,嫉妒丈夫从前的女朋友。

如果你的丈夫无意间提及他今天碰见了一个过去的女友,而如果你问他,那个女孩子是不是还扎着辫子说着不成熟的话,那你就太吝啬太不够慷慨了。你应该赞美她的好处——如果你能够想出一些;如果你想不出来,也应该编造一些。

4. 对于每一件小事,都要表示谢意

男人在结婚以后,带妻子到戏院过了一个愉快的晚上,送给妻子一束紫罗兰,甚至只是每天早晨倒个垃圾,他也很希望听到妻子的道谢的。如果他所做的每件事情,妻子都视为理所当然而不加致谢,无疑地,这个丈夫就会停止取悦他的妻子了。

我们之中有些人,不知道丈夫每天为我们做了多少小服务，这只是因为我们习惯于让丈夫为我们做这些工作。一位妻子曾经认为她丈夫没有帮过她什么忙。她说要他去弄杯水来喝，也是个大工程，他不会换小孩子的尿布，或是弄紧一支漏水的水龙头。然而，有个夏天他到欧洲去了，她才很惊讶地发现，他每天都为我做了许许多多的琐事——她却没有向他说过一声谢谢——现在她必须自己去做那些事了。

5. 要互相谅解和体贴

当丈夫想要换上拖鞋休息一会儿的时候，我们却穿好衣服想要出门，这是不行的。具有深挚爱心的妻子，应该先了解她丈夫每天在外面工作后的需要，然后才跟着盘算自己的需要。

上面说的这些，是不是就像许多妻子所做的、没有报酬的努力？妻子在一生中慷慨地奉献给丈夫的爱情，难道丈夫会不知道感谢吗？

丈夫会感谢的！我就看过一个十全十美的妻子，得到了丈夫的敬爱。安格斯先生所说的话，也是为其他许许多多幸福的丈夫们说的："很可能因为我娶了这个女子，所以我才比大部分的男人更加幸福。我所能给她的最大赞赏就是对她说，如果我能够回到32年前，而且了解我现在了解的事情，我仍然愿意再和她结婚——只要她愿意再嫁我！我所获得的任何成功，都直接来自于这位可爱的妻子的陪伴。"

如果没有爱情，成功又有什么意思呢？缺乏爱情，财富和权势也就等于废物和灰烬了。如果你的丈夫从你深挚的爱情里

爱情是一种精神食粮，我们的精神靠着它生存和成长，如果没有爱情，我们的心就变得乏味。

得到了安心和幸福，那么，他带给你更高的生活水准的机会也就大大地增加了。

真正的幸福源自细节

◇女人对生日和纪念日很重视。这究竟为什么，恐怕永远是一个谜。

◇婚姻就是一串串琐事构成的。轻视这一基本事实的，将使一对夫妇的婚姻面临困难。

自古以来，花就被认为是爱的语言。它们不必花费你多少钱，在花季的时候尤其便宜，而且常常街角上就有人在贩卖。但是从一般丈夫买一束水仙花回家的情形之少来看，你或许会认为它们像兰花那样贵，像长在阿尔卑斯山高入云霄的峭壁上的薄云草那样难于买得到。

为什么要等到太太生病住院，才为她买一束花？为什么不在明天晚上就为她买一束玫瑰花？你是喜欢试验的人，那就试试看会有什么结果。

乔治·柯汉在百老汇那么忙，但他每天都要打两次电话给他母亲，一直到她去世为止。你是不是会认为每次他都能够告诉她一些惊人的消息？没有。这些小事的意义是：向你所爱的人表示你在想念着她，你想使她高兴，而你心里非常重视她是否幸福快乐。

女人非常重视自己的生日和结婚周年纪念——为什么这样，这将是永远没有人明白的女性神秘之一。一般的男人虽然不记得许多日子，但仍然能够凑合着过一生，但有些日子他还是必须记住的：1492年（哥伦布发现新大陆）、1776年（美国独立）、他太太的生日，以及他自己结婚的年月日。不然的话，他甚至还可以不管前面那两个日子——但绝对不可以忘记后面这两个！

芝加哥的约瑟夫·沙巴斯法官，他曾审理过4万件婚姻冲突的案子，并使2000对夫妇复和。他说："大部分的夫妇不和，根本是肇因于许多琐屑的事情。诸如，当丈夫离家上班的时候，太太向他挥手再见，可能就会使许多夫妇免于离婚。"

太多的男人低估在这些日常而又小的地方表示体贴的重要性。正如盖诺·麦道斯在《评论画报》中一篇文章里所说的："美国家庭真需要弄一些新噱头。例如，床上吃早饭，就是大多数女人喜欢放纵一下的事情。在床上吃早饭，对于女人，就像私人俱乐部对于男人一样,会收到奇特的效果。"

社会学家说,人们一生的婚姻史就像穿在一起的念珠。忽视这些小事的夫妇,就会不和。艾德娜·圣·文生·米蕾,在她一篇小的押韵诗中说得好:

并不是失去的爱破坏我美好的时光,但爱的失去,尽都是在小小的地方。

这是值得记下来的一节好诗。在雷诺有好几个法院,一个星期有6天为人办理结婚和离婚,而每有10对来结婚,就有一对来离婚。这些婚姻的破灭,你想究竟有多少是由于真正的悲剧呢?其实,真是少之又少。假如你能够从早到晚坐在那里,听听那些不快乐的丈夫和妻子所说的话,你就知道"爱的失去,全都是一切小的细节问题所造成的"。

拿出一把小刀来,把下面一段话割下来,然后贴在帽子里面或贴在镜子上面,好让人们每天都得到提醒:

"凡事一逝不可追,因此,凡是有益于任何人,而我又可以做的事情,或是我可以向任何人表示亲切的事情,我现在就去做。不可因循,不可疏忽,因为凡事一逝不可追。"

如果你要维护家庭生活的幸福快乐,要注意一些细节问题,花点心思对自己的家庭生活起着举足轻重的作用。